Jahreszahlen der Erdgeschichte

Reinhold Lotze

Alpha Editions

This edition published in 2022

ISBN : 9789356709799

Design and Setting By
Alpha Editions
www.alphaedis.com
Email - info@alphaedis.com

Contents

I. Zeitrechnung in Geschichte und Geologie.

Geschichte und Geologie sind zwei Wissenschaften, die im Grunde genommen dieselbe Absicht haben: Sie wollen die Folge aller Ereignisse aufzählen, die über unsere Erde und ihre Bewohner weggegangen sind. An der Hand des Geschichtsforschers beginnen wir den Weg zurück in die Vergangenheit. Vom Heute ausgehend, führt er uns über die Jahrhunderte weg bis zurück zu jenen Tagen, da römische Legionen zum erstenmal den Boden unseres Landes betraten und mit blonden Germanen die Waffen kreuzten. Aber nur wenige Jahre vermag er uns über jene Zeit hinaus in die Vergangenheit unserer Heimat zurückzuführen. Drüben im Orient können wir uns seiner Führung noch länger überlassen, denn dort lebten hochkultivierte Völker, deren Überlieferungen in stolzen Baudenkmälern und geheimnisvollen Urkunden noch weitere vier Jahrtausende zurückreichen. Aber in den Wäldern Germaniens muß der Geschichtsforscher schon lange vorher seine Führerrolle an den Vertreter einer Tochterwissenschaft, der Vorgeschichte, abgeben, dem für seine Forschung keine schriftliche Urkunde, kein Lied und Heldenbuch mehr zur Verfügung stehen, der vielmehr aus Gräbern und dürftigen Kulturresten ein Bild jener vorgeschichtlichen Zeiten hervorzuzaubern versucht. Er berichtet uns von Pfahlbauern und Höhlenbewohnern, von Menschen, die mit einfachen, roh behauenen Feuersteinwaffen den Tieren der Wälder zu Leibe rückten und die noch Zeitgenossen einer ungeheuren Vereisung waren, die weite Teile der Erdoberfläche heimsuchte. Mit der Schilderung dieses rätselhaften Ereignisses geht aber die Führung in die Vergangenheit an den Geologen über, der nicht nur Menschheitsgeschichte, sondern Erdgeschichte schreibt, der vom Wechsel der Meere und Festländer erzählt, von Zeiten, da der Mensch noch nicht bestand, und fremdartige, heute ausgestorbene Lebewesen die Erde bevölkerten.

Um den Ablauf des Geschehens vergangener Zeiten handelt es sich also in Geschichte und in Geologie. Ihre Verwandtschaft beweisen beide schon dadurch, daß sie sich ein besonderes Verbindungsglied, die Vorgeschichte geschaffen haben, die je nachdem zur einen oder andern Seite hinneigt. Was die beiden Wissenschaften voneinander trennt, das ist zunächst die einfache Tatsache, daß sie verschiedene Abschnitte der Vergangenheit bearbeiten; daraus folgen allerdings tiefgreifende Unterschiede im Inhalt des Geschehens, von dem sie berichten können, und in der Art der Methoden, die sie zur Erforschung der Vergangenheit anwenden müssen. Der Geschichtsforscher beschäftigt sich nur mit dem Menschen; das Mittel, um in die Vergangenheit einzudringen, ist ihm in erster Linie die schriftliche Überlieferung. Er umspannt mit seiner Wissenschaft zwar nur wenige

Jahrtausende, aber auf Jahr und Tag vermag er die Ereignisse festzulegen, von denen er berichtet. Anders der Geologe: In unendlich ferne Vergangenheit muß er zurückgreifen, um die Geschichte unserer Erde zu schreiben. Seine Urkunden sind die Gesteine; aus ihrer Beschaffenheit liest er die Umstände ihrer Entstehung heraus, und mit den Lebewesen, deren Reste er in ihnen vorfindet, bevölkert er in seiner Phantasie Länder und Meere längst vergangener Zeiten. Die Schichten der Erdrinde faßt er zu großen Formationen zusammen. Ihre Aufeinanderlagerung von unten nach oben gibt ihm zugleich die zeitliche Reihenfolge ihrer Entstehung und damit die Geschichte der Erdoberfläche. Nach der Entwicklung des Lebens, die er in den einzelnen Formationen beobachtet, kommt er zur Aufstellung großer Perioden, die als Urzeit, Frühzeit, Altzeit, Mittelzeit und Neuzeit der Erdgeschichte bezeichnet werden können. So entstand schließlich die geologische Formationstafel auf Seite 7, die zugleich eine Geschichtstafel ist.[1] In dieses Schema ordnet der Forscher die ganze Fülle der geologischen Ereignisse ein; er kann mit ihrer Hilfe das „geologische Alter" der versteinerten Reste von Lebewesen bestimmen und das Nacheinander oder die Gleichzeitigkeit von Geschehnissen scharf zum Ausdruck bringen. Wenn von einer Muschel bekannt ist, daß sie den mittleren Schichten des braunen Jura angehört, so ist damit ihr Alter im Verhältnis zu allen Formationen und den in ihnen enthaltenen Lebewesen genau bestimmt. Über das Alter der Muschel in Jahren ist allerdings damit gar nichts ausgesagt, denn die geologische Altersbestimmung ist eine rein relative. Sie gibt von einem Ereignis an, daß es früher oder später gewesen sei als ein anderes; von der Zahl der Jahre, die zwischen beiden liegt oder die von jenem Zeitpunkt bis zur Gegenwart verstrichen ist, weiß sie nichts zu sagen. Die Geologie kennt wohl die Zeitfolge, aber nicht die Zeitdauer des Geschehens, von dem sie berichtet. Sie ist eine Geschichte ohne Jahreszahlen.

[1]Die Pfeile geben den genauen Zeitpunkt des angedeuteten geologischen Ereignisses an.

Geologische Formationstafel

<table>
<tr><td rowspan="3">Neuzeit
(Käno-
zoikum)</td><td colspan="2">Nacheiszeit
(Alluvium)</td><td rowspan="2">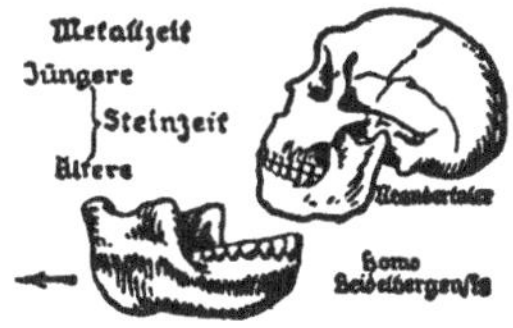

1. Auftreten des Menschen</td></tr>
<tr><td>Eiszeit
(Diluvium)</td><td>Würm-Vereisung
Riß-Vereisung
Mindel-
Vereisung
Günz-Vereisung</td></tr>
<tr><td>Tertiär</td><td>Pliozän
Miozän
Oligozän
Eozän
Paleozän</td><td rowspan="2">Bildung der Alpen

Aufblühen des Säugetierstammes</td></tr>
<tr><td rowspan="3">Mittelzeit
(Meso-
zoikum)</td><td>Kreide</td><td>obere Kreide
untere Kreide</td></tr>
<tr><td>Jura</td><td>weißer (Malm)
brauner (Dogger)
schwarzer (Lias)</td><td rowspan="2">
</td></tr>
<tr><td>Trias</td><td>Keuper
Muschelkalk
Buntsandstein</td></tr>
</table>

<table>
<tr><td rowspan="5">Altzeit
(Paläo-
zoikum)</td><td>Perm</td><td>Zechstein
Rotliegendes</td></tr>
<tr><td>Karbon</td><td>oberes
(produktiv.) K
unt. K
(Kohlenkalk)</td></tr>
<tr><td colspan="2">Devon</td></tr>
<tr><td colspan="2">Silur</td></tr>
<tr><td colspan="2">Kambrium</td></tr>
<tr><td>Frühzeit
(Eozoikum)</td><td>Präkambrium</td><td>oberes
mittleres
unteres</td></tr>
<tr><td>Urzeit
(Archaikum)</td><td colspan="2">Urgebirge (Gneise und
kristalline Schiefer)</td></tr>
</table>

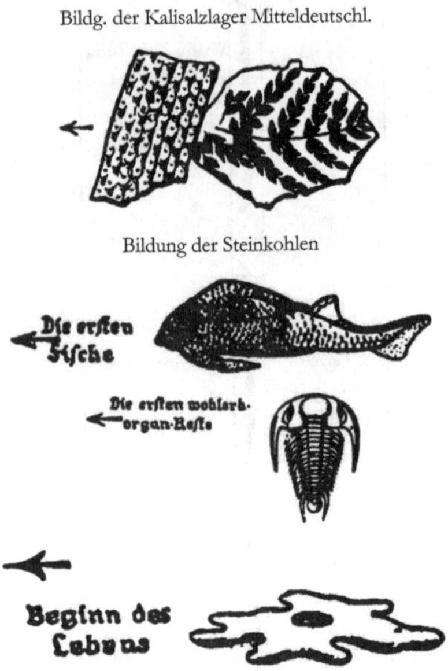

Das ist aber ein ganz empfindlicher Mangel. „Ohne die Bestimmung der Zeiträume bleibt jede Entwicklungswissenschaft oder geschichtliche Wissenschaft im Zustand äußerster Unvollkommenheit“ (Ratzel). Was würde die Menschheitsgeschichte ohne Jahreszahlen bedeuten? Sie könnte wohl noch die Folge der Ereignisse aufzählen, über die Zeitdauer geschichtlicher Entwicklungen vermöchte sie nichts mehr auszusagen. Damit würde jede Vergleichsmöglichkeit mit dem Geschehen der Gegenwart und zugleich jedes tiefere Verständnis verloren gehen. Es ist ein gewaltiger Unterschied in der Bewertung einer geschichtlichen Entwicklung, ob zu ihrem Ablauf zehn Jahre oder zehn Generationen nötig waren. Genau wie in der Menschheitsgeschichte ist es aber auch in der Geologie eine dringende Notwendigkeit, eine klare Vorstellung von der Größe der Zeiträume zu besitzen, in denen sich die Ereignisse abspielen. Von der bloßen relativen Altersbestimmung drängt es den Forscher ganz von selber weiter zur absoluten geologischen Zeitmessung. Es ist nicht nur müßige wissenschaftliche Neugier, wenn der Anfänger in der Geologie fragt, vor wieviel Jahren wohl das Muscheltier aus dem braunen Jura gelebt habe, das er in versteinertem Zustand am Straßenrand gefunden hat. In dieser Frage wird vielmehr der Wissenschaft ein überaus wichtiges Problem gestellt, dessen Lösung mit dem Geologen auch den Biologen und den Philosophen interessiert. Der Geologe möchte wissen, welche Zeiträume, Jahrtausende oder Jahrmillionen er seiner Geschichtschreibung zugrunde legen darf. Der Biologe wünscht eine Vorstellung davon zu gewinnen, mit welcher Geschwindigkeit die Stammesentwicklung der Lebewesen vor sich gegangen ist; für manche seiner Theorien spielt das Maß der verfügbaren Zeit eine entscheidende Rolle. Den Philosophen endlich beschäftigt die Frage, was für einen Abschnitt die Menschheitsentwicklung im Rahmen der ganzen Erdentwicklung einnimmt.

Ist es nun möglich, geologische Zeiträume nach bestimmten Zeiteinheiten zu messen, Jahreszahlen auch für die Erdgeschichte zu gewinnen? Was wir dazu brauchen, ist einfach zu sagen: Es sind geologische Zeitmesser, geologische Uhren. Wir werden sehen, daß sie uns von der Wissenschaft zur Verfügung gestellt werden können; wir werden sogar finden, daß sie auf dieselbe Weise ihre Aufgabe erfüllen wie unsere allbekannten Zeitmesser.

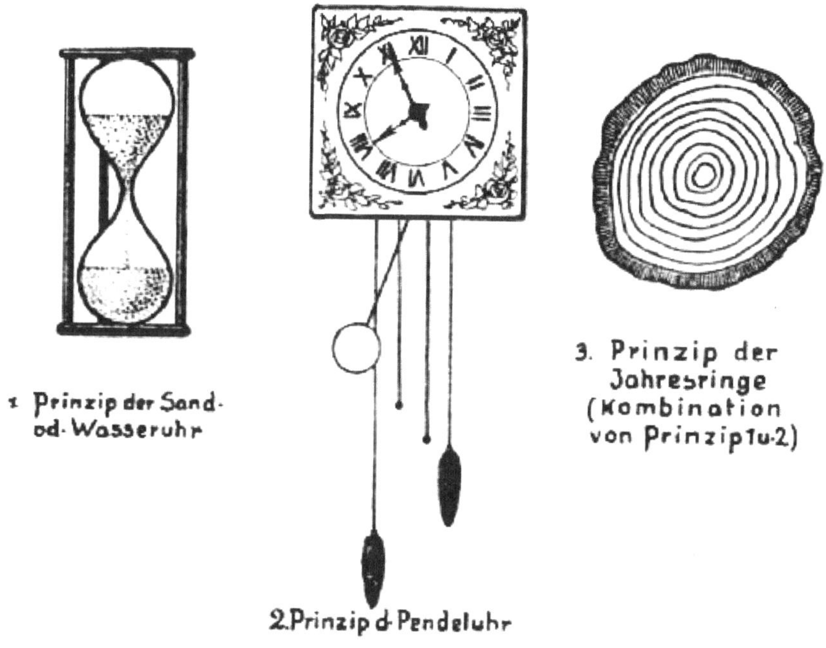

Abb. 1. Prinzipien geologischer Zeitmessung.

Die Uhren des Altertums und des Mittelalters waren fast ausschließlich Wasseruhren. Aus der Menge des aus einem Gefäß ausgeflossenen Wassers schloß man, wieviel Zeit „verflossen“ sei, und die mechanische Kunstfertigkeit der Griechen und späterhin der Araber schuf nach diesem Prinzip wahre Kunstwerke der Mechanik: Wasseruhren, die mit Glockenschlägen die Zeit kündeten, oder bei denen künstliche Figuren an einem Zifferblatt die Stunde wiesen. Noch weit herein in die Neuzeit waren Wasseruhren die gebräuchlichsten Zeitmesser, und von der Sanduhr, bei der eine bestimmte Menge Sand durch die enge Öffnung des Stundenglases läuft, haben sich sogar kümmerliche Überreste bis in unsere Zeit gerettet: die Eieruhr der Hausfrau und die kleine Sanduhr neben dem Telephon, welche die Gesprächsdauer erkennen läßt. Das Prinzip von Wasser- und Sanduhr ist folgendes: Man weiß, wieviel Wasser oder Sand in der Zeiteinheit aus einem höher gelegenen Gefäß in ein tieferes abfließen kann und schließt aus der Menge des Abgeflossenen auf die Zeit, die dazu nötig war. Wir werden sehen, daß geologische Vorgänge des Abfließens und der Aufschüttung zur erdgeschichtlichen Zeitmessung dienen können.

Die Pendeluhren stellen eine zweite Art von Zeitmessern dar. Langsam, in immer gleichem Rhythmus, schwingt das Pendel unter der Einwirkung der Anziehungskraft der Erde hin und her. Damit es von der Reibung nicht zum Stillstand gebracht wird, erhält es im Innern des Werks bei jeder Schwingung einen neuen kleinen Anstoß. Wählt man ein Pendel von passender Länge, so kann man erreichen, daß es genau eine Sekunde zur Schwingung braucht; mit Hilfe sinnreicher Zahnradübertragung wird die Zahl seiner Schwingungen durch Zeiger zur Erscheinung gebracht. Die Bewegung dieser Zeiger bedeutet eigentlich nichts anderes als ein Abzählen der Pendelschwingungen unter Zusammenfassung von 60 und 60 × 60 Schwingungen zu größeren Einheiten.

Das Prinzip der Pendeluhr beruht also auf dem Abzählen einer Bewegung, die unter dem Einfluß der Schwerkraft periodisch erfolgt. Wir werden wunderbar geheimnisvolle Bewegungen unseres Weltkörpers kennen lernen, die ebenso durch die Schwerkraft hervorgerufen werden und die vielleicht als Grundlage geologischer Zeitmessung dienen können. Es fragt sich nur, wie solche zweifellos vorhandene Bewegungen abgezählt werden sollen. Für die kleine Periode des Jahres vermag schon jeder Baum diese Aufgabe zu lösen. Schneidet man einen Baumstamm quer durch, so zeigt sich das bekannte regelmäßige Bild der Jahresringe, an denen ohne weiteres das Alter des Baums in Jahren abgelesen werden kann; jeden Frühling bildet er eine weiche breite, jeden Herbst eine harte dünne Holzschicht. Wir werden auch geologische Jahresringe kennen lernen, die in der Art, wie sie dem Forscher Aufschluß über geologische Zeiträume geben, zwei Prinzipien der Zeitmessung vereinigen: Aufschüttung und Rhythmus.

Und nun soll der Versuch gewagt werden, mit Hilfe der Zeitmesser, die uns die Geologie kennen lehrt, die ungeheuren Zeiträume der Vergangenheit in Maß und Zahl zu fassen!

II. Geologische Zeitmessung durch Abtragung und Aufschüttung.

Wir versetzen uns im Geist ins Ruhrrevier. Mit dem Förderkorb geht's sausend hinunter in die dunklen Tiefen eines Kohlenbergwerks. In dem Wirrsal unterirdischer Gänge arbeiten wir uns vor bis ans äußerste Ende, wo vom Häuer das kostbare schwarze Mineral losgebrochen wird. Und staunend sehen wir, daß wir nicht etwa mitten drin in der massiven Kohle stehen, sondern daß sie nur eine Schicht (ein „Flöz") von kaum 1 Meter Mächtigkeit bildet. Steigen wir allerdings in eine höhere oder tiefere Strecke des Bergwerks, so finden wir zwischen Sandsteinen und Schiefertonen noch eine ganze Reihe anderer Flöze eingebettet, mächtigere, bis zu einer Dicke von 2 Meter, die einen leichten, bequemen Abbau erlauben, und schwächere von 10–20 cm Mächtigkeit, bei denen sich der Abbau überhaupt nicht lohnt. Fragen wir den Geologen, der von allen Schächten und Tiefbohrungen des ganzen Kohlenreviers den Aufbau des Gebirges kennt, nach der Zahl der Kohlenschichten, so sagt er uns, daß im ganzen 176 Flöze übereinander liegen, durch Gesteine, die in einem Meere gebildet wurden, voneinander getrennt. Wie sollen wir das deuten? Die Wissenschaft lehrt uns, daß sich die Kohlen in mächtigen Waldmooren aus einer fremdartig anmutenden Pflanzenwelt gebildet haben, langsam und in ungeheuren Zeiträumen. Ein hundertjähriger kräftiger Buchenwald würde bei der Verkohlung nur eine Schicht von 16 mm ergeben. Nun senkte sich das Land; das Meer brach herein; Schlamm und Sand lagerten sich über dem jungen Kohlenlager ab und schützten es so vor der Zerstörung. Dann hob sich das Land wieder, das Wasser lief ab, und von neuem erwuchs der Sumpfwald, bildete sich Kohle, bis das Meer wieder hereinbrach und auch die neue Kohle zudeckte. Und das 176mal! Wie ein langsames Atemholen der scheinbar starren Erde mutet dieses Auf und Ab an, und daß dieser Wechsel von Steinkohlensumpfwald und Meer ungeheure Zeiträume umfaßt haben muß, ist uns ohne weiteres klar. Dabei zählt man im Saarkohlengebiet sogar 325 Flöze, und die ganze Zeit, die zur Bildung all dieser wechselnden Schichten nötig war, bedeutet in der geologischen Zeitrechnung nur einen verhältnismäßig kleinen Teil einer einzigen geologischen Periode!

Ein anderes Bild: Zu Tausenden ragen in Baku am Kaspischen Meer auf engstem Raum die Erdölbohrtürme in die Luft, und zwölf Milliarden Liter Rohöl haben sie in der Zeit vor dem Krieg jährlich zutage gefördert. Nun entsteht das Erdöl nach der Ansicht der heutigen Wissenschaft aus den Überresten abgestorbener Meerestiere. Wir können nicht annehmen, daß jene Meere wesentlich dichter bevölkert gewesen seien als unsere heutigen. Was für ungeheure Zeiträume müssen aber verstrichen sein, bis sich der Meeresboden mit derartig riesenhaften Mengen solcher Stoffe vollsaugen konnte! Und auch hier wieder müssen wir dasselbe feststellen wie bei den Steinkohlen: Die Zeit, die zur Bildung der erdölführenden Schichten nötig war, ist geringfügig im Rahmen der ganzen Erdgeschichte.

Wir wollen aber doch versuchen, von diesen ersten, ganz allgemeinen Vorstellungen von der langen Dauer geologischer Zeiträume zu bestimmten, faßbaren Zahlen zu gelangen; die zahlenmäßige Untersuchung der geologischen Wirkung des fließenden Wassers soll uns diesen Fortschritt bringen. Überall, wo es in Bächen, Flüssen und Strömen zum Meere eilt, schafft es Stoffe aus dem Land hinaus, trägt dadurch ganz allmählich sein Einzugsgebiet ab (Vorgang der Denudation) und führt alles ins Meer, wo sich das mitgeführte Material niederschlägt und langsam neue Gesteinsschichten aufbaut (Vorgang der Sedimentation). Eine sehr genaue zahlenmäßige Untersuchung über die geologische Arbeit eines Flusses wurde von Schürmann vor wenigen Jahren am Neckar ausgeführt. Während eines ganzen Jahres berechnete er Tag für Tag auf Grund genauer Methoden die Wassermengen, die der Fluß aus dem Schwabenland hinaus zum Rhein führt, und Tag für Tag entnahm er ihm Proben, aus denen er den Gehalt des Wassers an aufgelösten und schwebenden Bestandteilen sorgfältig bestimmte. Während die gelösten Bestandteile hauptsächlich Salze aller Art sind, die das Wasser bei seiner Berührung mit dem Gestein ausgelaugt hat (vor allem Kalk), sind die schwebenden Stoffe feinste Ton- und Sandteilchen, die als „Flußtrübe“ mechanisch vom Wasser mitgenommen werden und die es besonders bei Hochwasser bis zur vollständigen Undurchsichtigkeit trüben können. Das Ergebnis der Untersuchungen war, daß der Neckar unterhalb Heilbronn im Jahr 1,584 Millionen Tonnen fester Stoffe aus dem Lande hinausführt.

Bei einem spezifischen Gewicht von 2,5 nimmt diese Stoffmenge einen Raum von etwas über 600000 Kubikmeter ein; würde man sie in gleichmäßiger Dicke über das ganze Einzugsgebiet des Flusses (12340 Quadratkilometer) ausbreiten, so ergäbe sich eine Schicht von 1/20 mm Mächtigkeit. Wenn also der Neckar sein ganzes Flußgebiet gleichmäßig erniedrigen würde, so würde er in einem Jahr 1/20 mm, in 20 Jahren 1 mm, in 2000 Jahren eine Schicht von 1 m Mächtigkeit abtragen. Zur Abtragung von 100 m würde er infolgedessen 2 Millionen Jahre brauchen.

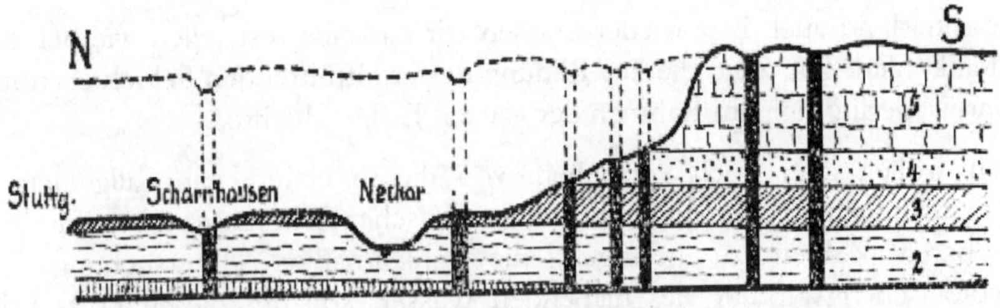

Abb. 2. Querschnitt durch die Schwäbische Alb und ihr Vorland mit vulkanischen Durchschlagsröhren. Zur Zeit der Eruption muß noch eine Gesteinsdecke, wie sie durch die gestrichelte Linie angedeutet ist, über dem Vorland gelegen haben. 1 Muschelkalk, 2 Keuper, 3 Schwarzer Jura, 4 Brauner Jura, 5 Weißer Jura.

Nun können wir auf hochinteressante Weise feststellen, wie das ganze Gebiet zwischen Schwäbischer Alb und Odenwald in nicht allzuweit zurückliegender geologischer Vergangenheit ausgesehen haben muß. Zu den merkwürdigsten geologischen Erscheinungen der Erde zählt das Vulkangebiet der mittleren Schwäbischen Alb (um Kirchheim und Urach), in dem die Erdrinde von nicht weniger als 125 vulkanischen Explosionsröhren durchsetzt wird; sie zeigen sich von vulkanischem Material (Basalt) und von Gesteinsbruchstücken der durchschlagenen Schichten erfüllt. Eine Anzahl dieser Röhren steckt noch ganz innerhalb des Körpers der Alb, die sich südlich vom schwäbischen Keuperland über einem Unterbau von schwarzem und braunem Jura in wundervoller landschaftlicher Schönheit als eine steile, von Felszinnen gekrönte Mauer von Weißjura aufbaut; die übrigen liegen im Vorland (vgl. Abb. 2). Der nördlichste der Vulkanschlote findet sich bei Scharnhausen (südlich von Stuttgart), über 20 km vom jetzigen Albrand entfernt, in den Keuper eingesenkt und trotzdem noch Brocken von weißem Jura enthaltend. Dieser Weiße Jura, ein viel jüngeres Gestein als der Keuper, in dessen Höhe er nun in der Vulkanröhre steckt, muß bei der Explosion von oben her in das offene Loch hereingefallen sein. Es müssen also damals noch die Schichten des Weißen Jura über der ganzen Gegend gelegen haben, und das gibt uns den sicheren Beweis, daß zu jener Zeit der Albrand, wenn er schon in der heutigen Art bestand, noch mindestens 20 km weiter nördlich gelegen sein muß. Weitere Beobachtungen machen es wahrscheinlich, daß das ganze schwäbische Stufenland zwischen Odenwald und Alb damals noch von einer Gesteinsdecke von mehreren hundert Metern Mächtigkeit bedeckt war. Hier können wir nun wieder mit der Rechnung einsetzen: 100 m deckt der Neckar in 2 Millionen Jahren ab; es werden also seit jener Vulkankatastrophe, die im Obermiozän, also schon gegen das Ende der Tertiärzeit,[2] stattgefunden hat, ungefähr 4–6 Millionen Jahre verflossen sein.

[2] Vergleiche hierzu, wie bei allen andern geologischen Altersangaben, die Formationstafel auf Seite 7.

Damit sind wir zum erstenmal auf das Zeitmaß gekommen, mit dem der Geologe rechnet, und an das sich auch der Leser gewöhnen muß, die Jahrmillion. Daß es nicht nur ein gedankenloses Umsichwerfen mit großen Zahlen ist, wenn in der Geologie von Jahrmillionen geredet wird, das zeigt schon dieser erste Versuch einer rechnerischen Lösung unserer Frage klar und deutlich, obwohl sich an ihn von kritisch gestimmten Geistern noch manches Wenn und Aber anknüpfen läßt. Aber daß Jahrtausende oder Jahrhunderttausende in der Erdgeschichte nicht zureichen, ist uns jetzt schon klar geworden. Die erste Vorstellung von der Größenordnung geologischer Zeiträume ist gewonnen, und das bedeutet eine neue Erkenntnis!

Wenn der Neckar 20000 Jahre braucht, um sein Gebiet um 1 m zu erniedrigen, so ist er damit weder ein rascher noch ein besonders langsamer Arbeiter; seine Leistung bedeutet einen guten Durchschnitt. Ein Alpenfluß, der mit ganz anderer Wucht zu Tale stürzt und die Trümmer des rasch verwitternden Hochgebirges in die Ebene schafft, wird mehr leisten als der Neckar, der durch ein Mittelgebirgsland fließt, während ein langsam dahinfließender Strom des Flachlands nicht auf die Leistung des Neckars kommen wird. Es sind sehr lehrreiche Zahlen, die in dieser Beziehung von den Geologen gefunden wurden. Der erfolgreichste bekannte Zerstörer ist der Irawadi (Hinterindien), der sein Stromgebiet schon in 1300 Jahren um 1 m erniedrigt. Ihm kommen die Alpenflüsse Po und Reuß nahe, die in 2800 und 3000 Jahren dieselbe Arbeit verrichten, während das Gebiet der Hudson-Bai von seinen Flüssen erst in 165000 Jahren um 1 m erniedrigt wird.

Es soll nun aber der kühne Versuch gewagt werden, für die ganze Erde die Abtragung zu berechnen. Wenn dabei auch viele Zahlen nicht ganz richtig sein werden, so müssen wir eben hoffen, daß ein Fehler nach der einen Seite wieder durch einen entgegengesetzten aufgehoben wird, und daß auf diese Weise doch eine Zahl von leidlicher Genauigkeit herauskommt. Will man wissen, was die gesamten Ströme der Erde im Jahr an Abtragungsarbeit leisten, so ist es nötig, zweierlei zu kennen: Die jährliche Wassermenge aller Flüsse und den Gehalt ihres Wassers an Gelöstem und Aufgeschwemmtem. Es ist klar, daß nur für wenige Stromsysteme solche Messungen vorliegen, wie vom Neckar. An ihre Stelle muß eine vorsichtige Schätzung treten, die aber in einer Reihe von meteorologischen, geographischen und geologischen Tatsachen zuverlässige Grundlagen hat. Nachdem schon die englischen Geologen Mellard Reade und Murray die Berechnung versucht hatten, gab in neuerer Zeit der amerikanische Geologe Clarke die zuverlässigsten Zahlen. Er erhielt unter möglichst genauer Berücksichtigung aller Verhältnisse für die Flüsse der ganzen Erde eine Jahresleistung von 2500 Millionen Tonnen gelöster und 6000 Millionen Tonnen schwebender fester Stoffe, was eine Gesamtjahresleistung von 8500 Mill. Tonnen ergibt. Würde diese Stoffmenge, die von den Flüssen in einem Jahr ins Meer getragen wird, über das von ihnen entwässerte Festland ausgebreitet, so erhielte man eine gleichmäßige Schicht von 1/28–1/30 mm Dicke; es vergeht also ein Zeitraum von 28000 bis 30000 Jahren, bis die Erdoberfläche von den Flüssen durchschnittlich um 1 m erniedrigt wird. Zu der Arbeit der Flüsse kommt noch die zerstörende Wirkung der Meereswogen an der Küste hinzu, die gleichfalls dem Meere Stoffe zu Sedimentgesteinen liefert und die Gesamtmenge der ihm jährlich zugeführten Stoffe auf etwa 9000 Millionen Tonnen erhöht. Über das Schicksal aller dieser Stoffe können wir aussagen, daß ein Teil der gelösten Stoffe, vor allem die Chloride (in erster Linie Natriumchlorid = Kochsalz) in Lösung bleibt und damit den Salzgehalt des Meeres erhöht, während z. B. der größte Teil des gelösten kohlensauren Kalks sich ausscheidet. Die aufgeschwemmten Stoffe setzen sich natürlich ohne weiteres im Meere ab und bilden die sog. mechanischen Sedimente. Clarke versuchte auch, die Menge der verschiedenen neu gebildeten Gesteinsarten zu berechnen, und fand, daß von den 9000 Millionen Tonnen 70% ($6300 \cdot 10^6$ Tonnen) zu Ton- und Schiefergesteinen werden, 16% ($1440 \cdot 10^6$ Tonnen) zu Sandsteinen und 14% ($1260 \cdot 10^6$ Tonnen) zu Kalkstein.

Um Zahlen für die Zeitdauer geologischer Vorgänge zu gewinnen, halten wir uns nun zuerst an die gelösten Stoffe. Joly hat 1899 einen scheinbar sehr einfachen Weg angegeben, um das Alter des Ozeans zu berechnen. Sein Gedankengang ist folgender: Als sich bei zunehmender Abkühlung der Erde das Wasser in flüssiger Form an der Oberfläche niederschlug, da bestand dieser Urozean aus chemisch reinem Wasser, er war also ohne Salzbeimischung. Die Salze kamen auf die Weise in das Meer, daß die Verwitterung eine Reihe von Stoffen aus den Urgesteinen (Gneis, Granit) herauslöste und ins Meer führte. Die einen schieden sich hier aus und bildeten Gesteine, andere aber, vor allem die Alkalisalze (Salze des Natriums und Kaliums) blieben in Lösung und verursachen nun den Salzgehalt des Meeres. Die größte Rolle spielt dabei das Kochsalz (Chlornatrium). Auch heute noch werden von den Flüssen Natriumsalze in das Meer geführt, die aus der Verwitterung der Urgesteine stammen und den Salzgehalt des Meeres andauernd langsam vermehren. Wir kennen den Gehalt des ganzen Ozeans an Natriumsalzen (der Prozentgehalt des Meeres an Salzen ist bekannt, die Wassermenge des ganzen Ozeans läßt sich unschwierig berechnen) und die Menge des von den Flüssen jährlich ins Meer geführten Salzes. Dividieren wir beides, so erhalten wir die Zahl der Jahre, die nötig waren, um den Salzgehalt des Meeres bis zur heutigen Höhe anwachsen zu lassen. Die Berechnung geschieht nach folgender einfacher Gleichung:

(Natrium im Ozean)(jährl. Menge des Natriums in den Flüssen) = Alter des Ozeans.

Durch Einsetzung der für die Mengen der Natriumsalze bekannten Zahlen erhalten wir:

$$14{,}13 \cdot 10^{12}\ \text{t}\ 158{,}357 \cdot 10^{3}\ \text{t} = 89222900\ \text{Jahre.}$$

Die Methode scheint sehr einfach und einleuchtend zu sein, sie hat aber ganz bedenkliche Schwierigkeiten. Vor allem gründet sie sich auf die Annahme, daß das von den Flüssen in den Ozean geführte Salz einzig und allein aus der Verwitterung der Urgesteine stamme. Nun läßt sich nachweisen, daß ein großer Teil dieses Salzes nicht daher, sondern aus dem Meere stammt und als „zyklisches Salz" einen Kreislauf vom Meer zum Land und wieder ins Meer ausführt. Vor allem reißt der Meerwind kleine Tröpfchen von Seewasser mit sich und trägt auf diese Weise Salz weit ins Land hinein. Für den Sambharsalzsee in Indien, der 400 km landeinwärts liegt und eine Fläche von 5700 qkm einnimmt, wurde berechnet, daß er jährlich durch den Wind 3000 Tonnen Seesalz zugeführt bekommt. Ein anderer Teil des Salzes der Flüsse stammt aus Salzlagern in den Sedimenten, die ihrerseits wieder aus der Eindunstung von Meerwasser hervorgegangen sind. Auch dieses Salz fließt also zum zweiten- oder öfterenmal dem Meere zu. Alles zyklische Salz darf natürlich nicht in die Berechnung eingestellt werden. Nach dem einen Forscher (Joly) soll seine Menge 33%, nach andern 95% oder gar 99% der von den Flüssen mitgebrachten Salzmenge betragen. Damit verringert sich die anzurechnende Menge des Natriums im Flußwasser ganz außerordentlich, und damit steigt nach einer einfachen mathematischen Überlegung das Alter des Ozeans bis zu ungeheuren Zahlen an. Bei der Annahme von 99% zyklischem Salz wäre es das 100fache, also gegen 9000 Millionen Jahre. Wenn die Ergebnisse in einem solch ungeheuer weiten Spielraum sich bewegen, so wird es ganz aussichtslos, auf diese Weise zu einigermaßen brauchbaren Zahlen zu gelangen.

Versuchen wir es deshalb mit den im Meere gebildeten Schicht- (Sediment-)gesteinen. Wenn wir die gesamte Mächtigkeit aller auf der Erde je gebildeten Sedimente kennen, dazu die Zeit, die zur Bildung von 1 m nötig ist, so brauchen wir nur zu multiplizieren, und das Ergebnis liegt vor. Nun sind aber alle Zahlen, um die es sich hier handelt, so unsicher als nur denkbar. Bei der Berechnung der Gesamtmächtigkeit der Sedimente müssen wir berücksichtigen, daß an mancher Stelle der Erde lange geologische Zeiträume vorbeigingen, ohne eine Spur zu hinterlassen. Wenn wir bei der Berechnung der Schichtenmächtigkeit bei jeder Formation und jedem Formationsteil die Stelle in Rechnung setzen, an der sich die größte Mächtigkeit entwickelt hat, so erhalten wir die sogenannte maximale Mächtigkeit. Diese beträgt nach Sollas (1909) für die Neuzeit der Erde 19000 m, für das Mittelalter 21000 m, für das Altertum 37000 m, für das Präkambrium 25000 m; das ergibt eine Gesamtmächtigkeit von 102000 m. Andere Forscher bringen wesentlich andere Zahlen heraus. Wollen wir die Zeit berechnen, in der eine Schicht von 1 m Sedimentgestein gebildet wird, so müssen wir dabei festhalten, daß die Stoffe, die von den Flüssen ins Meer hinausgetragen werden, nicht über die ganze Fläche des Ozeans hin sich ablagern, sondern nur in der sog. Schelfregion, einem Gürtel, der mit ungefähr 160 km Breite die Kontinente umsäumt. Bei einer Küstenlinie von 160000 km nimmt auf diese Weise die Schelfregion einen Flächenraum von $25{,}6 \cdot 10^6$ qkm ein. Nimmt man für die $9000 \cdot 10^6$ Tonnen ein spezifisches Gewicht von 2,5 an, so füllen sie einen Raum von $3600 \cdot 10^6$ cbm aus. Bauen wir aus dieser Masse eine Säule mit einer Grundfläche von 1 qkm, so erreicht sie eine Höhe von 3,6 km. Breiten wir nun das Ganze gleichmäßig über die gesamte Schelfregion ($25{,}6 \cdot 10^6$ qkm) aus, so ergibt sich eine Schicht von 0,140 mm Dicke. Wenn also in einem Jahr eine Schicht dieser Mächtigkeit gebildet wird, so sind 7000 Jahre nötig, um eine Schicht von 1 m Mächtigkeit zu bilden. Das ist natürlich nur ein Durchschnittswert. An einer Stelle geht die Arbeit viel rascher vor sich, an der andern viel langsamer.

Würden wir diesen Wert als richtig annehmen, so erhielten wir für die Bildung von 102000 m Gesteinsmächtigkeit eine Zeit von über 700 Millionen Jahren. Nun müssen wir dabei aber berücksichtigen, daß die Sedimente auch in der Schelfregion nicht gleichmäßig ausgebreitet werden (vgl. Abb. 3), sondern daß sie in größerer Küstennähe wesentlich stärker aufgehäuft werden als in 100 bis 160 km Entfernung von der Küste. Wir können für die größere Küstennähe annehmen, daß hier schon 3000 Jahre genügen, um die Schicht von 1 m zu bilden. Wenn zuerst die „maximalen Schichtmächtigkeiten“ festgestellt wurden, so müssen wir jetzt den niedrigen Wert für die Bildungszeit von 1 m einsetzen und erhalten für 100000 m die Zeit von 300 Millionen Jahren. Es soll bei dieser Art Berechnung aber nicht verschwiegen werden, daß andere Forscher auf wesentlich andere Zahlen gekommen sind; sie bewegen sich zwischen 30 und 600 Millionen Jahren, und diese ungeheuren Unterschiede sind natürlich nicht dazu angetan, das Vertrauen in diese Methode allzusehr zu stärken.

Etwas zuverlässigere Resultate ergibt ein anderer Weg: Man versucht, die Gesamtmenge der im ganzen Verlauf der Erdgeschichte gebildeten Sedimente zu berechnen. Auch dies ist natürlich ein schwieriges Unterfangen, denn das meiste, was die Erde im Laufe der Jahrmillionen aufbaute, ist schon längst wieder zerstört. Immerhin, es soll gewagt sein. Auf Grund vorsichtiger Schätzung erhält man für den Kubikinhalt der gesamten, im Lauf der Erdgeschichte gebildeten Sedimente einen Raum von $875 \cdot 10^6$ Kubikkilometer (ckm). Unsere $9000 \cdot 10^6$ Tonnen stellen einen Raum von 3,6 ckm dar, es waren also $875 \cdot 10^6 / 3{,}6 = 245 \cdot 10^6$ Jahre nötig, um die

Gesamtmenge der Sedimente zu bilden. Ein zweiter Versuch: Man rechnet mit der Gesamtmenge aller je gebildeten Kalksteine und der Menge Kalk, die durch die Verwitterung der Eruptivgesteine jährlich frei wird. Nach ähnlichen Methoden, wie sie oben angedeutet wurden, erhält man für die Bildung der gesamten irdischen Kalkschichten eine Zeit von 320 Millionen Jahren.

Bei all den Zahlen, die wir bis jetzt errechnet haben, mußte nach der Mächtigkeit der erhaltenen Sedimente stark ⅔ auf die Zeit vom Kambrium bis heute, schwach ⅓ auf das Präkambrium entfallen. Jedenfalls ist damit aber, wenn wir die Zeitspanne seit dem Kambrium als zuverlässiger annehmen wollen, das Präkambrium stark unterschätzt. Nach Überlegungen allgemeiner Art muß seine Dauer ein Mehrfaches der aller anderen Formationen betragen; es ist aber fast vollständig zerstört und umgewandelt, und daher kommt seine Bedeutung in den Mächtigkeitszahlen lange nicht genügend zum Ausdruck.

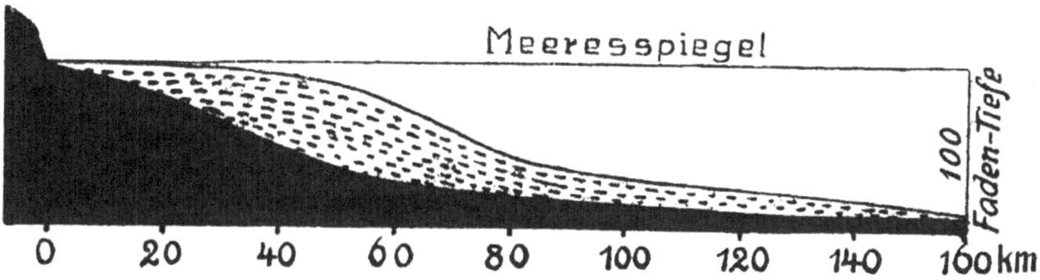

Abb. 3. Sedimentbildung in der Schelfregion.

Was läßt sich nun über die Zuverlässigkeit all dieser Berechnungen aussagen? Das Problem kann unmöglich auf einen Anlauf gelöst werden. Fast alle Zahlen sind nicht genau bestimmbar, sie beruhen nur auf mehr oder weniger zuverlässigen Schätzungen; deshalb bewegen sich auch die Ergebnisse zwischen sehr weiten Grenzen. Wohl wohnt den Zahlen ein verschiedenes Maß von Zuverlässigkeit inne; bei den einen, z. B. den Abtragungszahlen, wird wohl die richtige Zahl um nicht mehr als 50% nach oben oder unten von der angenommenen abweichen; andere dagegen sind wesentlich unsicherer. Und trotzdem, die Ergebnisse sind nicht wertlos. Haben wir gleich zu Anfang nachgewiesen, daß geologisch recht junge Ereignisse bereits einige Millionen Jahre zurückliegen müssen, so zeigen uns die Berechnungen über Abtragung und Aufschüttung, daß es sich für die Zeit, in der die Gesamtheit der Schichtgesteine gebildet wurde, jedenfalls schon um mehr als hundert Jahrmillionen handelt. Das ist ein sehr wesentliches und wertvolles Ergebnis. Wir erkennen zwar noch nicht die absolute Größe, aber doch die Größenordnung geologischer Zeiträume; die Zehner und Hunderter von Jahrmillionen haben bereits hohe Wahrscheinlichkeit gewonnen.

Ungeheure Wasser- und Sanduhren sind es, die dem Geologen dieses Resultat verschafft haben. Ihr Prinzip der Zeitmessung ist genau das gleiche wie bei der Sanduhr am Telephon oder jenen kunstvollen Wasseruhren der Araber und Griechen. Wir wissen, was in einem Jahr in die großen Sammelbecken läuft, vermögen die Massen des Geleisteten zu messen oder zu schätzen und erhalten daraus durch einfache Rechnung die Zahl der dazu nötigen Jahre. Die Genauigkeit der Rechnung hängt von der Zuverlässigkeit der verwendeten Zahlen ab.

Jedoch steckt in all diesen Rechnungen noch eine Voraussetzung, die wir bis jetzt unbesehen hingenommen haben, die aber durchaus nicht selbstverständlich ist, sondern einer sehr genauen Prüfung bedarf. Wenn wir aus der Gesamtmasse der Sedimente und der Jahresleistung der abtragenden Kräfte durch Division die Zeit gewonnen haben, so nahmen wir an, daß im ganzen Verlauf der Zeit die Uhr gleich schnell gegangen sei, die Flüsse in jedem Jahr so viel ins Meer getragen hätten wie heute. Das ist jedoch nicht ohne weiteres sicher. Wir können uns denken, daß in früheren Erdperioden die geologischen Kräfte rascher und stürmischer gearbeitet hätten als heute, daß die Zerstörung schneller vor sich gegangen wäre, und die Flüsse mehr ins Meer geführt hätten. Dann hätten wir mit einer zu kleinen Zahl dividiert, die durchschnittliche Jahresleistung wäre größer anzunehmen, und es kämen wesentlich kleinere Zeiträume bei der Rechnung heraus. Ebenso denkbar ist es aber auch, daß die geologische Sanduhr heutzutage rascher läuft als in der Vergangenheit; dann hätten wir für diese Zeiten geringere Jahresleistungen einzusetzen, und die Zeiträume würden sich erhöhen. Wo liegt hier die Wahrheit? Haben in der Vergangenheit die geologischen Kräfte stärker, gleichstark oder schwächer gewirkt wie in der Gegenwart? Noch vor einem halben Jahrhundert nahmen die Geologen das erste fast als selbstverständlich an; denn unscheinbar und nicht unmittelbar in die Augen fallend sind die Veränderungen der Erde, die sich heute vollziehen. Für die geologische Vorzeit war man geneigt, ein viel rascheres Tempo in der Umbildung der Erdoberfläche anzunehmen; in der Gegenwart aber sei die Erde aus der Sturm- und Drangzeit heraus in einen gemütlichen Alterszustand eingetreten, und von den an ihr tätigen Kräften werde nicht mehr viel an ihrem Antlitz geändert.

Diese Ansicht ist gegenwärtig von den meisten Forschern verlassen. Die Erde befindet sich durchaus nicht in einer Periode besonderer Ruhe; wesentlich stärker können in der Vorzeit die geologischen Kräfte nicht gewirkt haben, als sie es auch heute noch tun. Ja, eine Anzahl englischer und amerikanischer Geologen vertritt mit guten Gründen die Ansicht, daß wir uns in einer Zeit übernormaler geologischer Tätigkeit befinden. Wir werden später auf die Besprechung dieser wichtigen Frage zurückkommen müssen.

Es wäre gewiß zu kühn, die Frage nach der Dauer geologischer Zeiträume mit den bisherigen Methoden allein lösen zu wollen. Die Verfahren, die bis jetzt beschrieben wurden, sind doch gar zu summarisch. Wir wollen deshalb einen andern Weg einschlagen. Anstatt sofort auf das Ganze zu gehen, wollen wir bescheiden versuchen, zunächst für Ereignisse der jüngsten, uns zeitlich nächstliegenden geologischen Vergangenheit, brauchbare Zahlen zu finden und von da aus langsam weiter zurückzuschreiten.

III. Von der Eiszeit bis zum Beginn des Kambriums.

Unmittelbar vor der geologischen Gegenwart hat ein gewaltiges Ereignis, dessen Nachwirkungen heute noch nicht ganz verschwunden sind, unsere Erde betroffen: Eine ungeheure Vereisung ist über weite Teile der Erdoberfläche weggegangen. Aus den Tälern der Alpen drangen Eisströme von über 1000 m Mächtigkeit hinaus ins Vorland, wo sie sich zu einem riesigen Eisgürtel vereinigten, der im Norden bis nahe zur Linie der heutigen Donau reichte und sie an einigen Punkten (z. B. bei Sigmaringen) sogar noch überschritt. Unsere höheren Mittelgebirge, Vogesen, Schwarzwald, Böhmerwald und Riesengebirge trugen Gletscher, die weit in die Täler hinunterreichten. Das Gewaltigste aber war die ungeheure nordeuropäische Vereisung (Abb. 4). Von den skandinavischen Gebirgen schoben sich die Eismassen über die heutige Ostsee hinweg bis in das Herz Deutschlands. Sie reichten bis an den Harz und in die Lausitz, ja tief nach Polen und in die Ukraine hinein. Ungeheure Schuttmassen wurden von den Gletschern mitgebracht, zum Teil am Grund mitgeschoben (Grundmoränen), zum Teil auf dem Rücken herangetragen, gelegentlich in einzelnen großen Blöcken (Findlingsblöcke). Fast dem ganzen norddeutschen Tiefland ist durch die Bedeckung mit Gletscherschutt der geologische Stempel aufgedrückt. Das Merkwürdigste aber ist, daß jene Eiszeit nicht einheitlich war, sondern daß viermal nacheinander die Gletscher vorstießen, um sich in der Zwischenzeit jeweils vollständig zurückzuziehen und abzuschmelzen. Wohl sind gewisse Einzelfragen noch nicht gelöst, im allgemeinen aber kann die nebenstehende schematische Darstellung (Abb. 5) als Ausdruck unserer jetzigen Kenntnisse vom Verlauf der Eiszeit angesehen werden. Die Kurve gibt nach den Forschungen Pencks den Verlauf der Schneegrenze für die ganze Eiszeit im alpinen Vereisungsgebiet wieder. Jede Eiszeit wurde durch eine Temperaturerniedrigung verursacht; eine Senkung der Schneegrenze um mehrere hundert Meter war die Folge. In der Zwischeneiszeit stieg jedoch die Temperatur sogar über den Durchschnittsstand der Jetztzeit; die Gletscher zogen sich zurück. Die Kurve bringt deutlich durch die viermalige Senkung und Hebung der Schneegrenze das viermalige Kälter- und Wärmerwerden, das Vorrücken und Abschmelzen der Gletscher zur Darstellung. Die vier Eiszeiten führen nach Penck die Namen Günz-, Mindel-, Riß- und Würmeiszeit, nach Flüßchen der oberschwäbisch-bayrischen Hochebene, an denen ihre Bildungen besonders schön erhalten sind. Von der letzten, uns zeitlich am nächsten liegenden Eiszeit wissen wir natürlich am meisten, denn ihre Ablagerungen liegen zu oberst, während die der früheren Eiszeiten oft tief überschüttet oder gar schon wieder zerstört sind. So wissen wir auch, daß das Abschmelzen der Gletscher vom Höhepunkt der Würmeiszeit ab nicht ohne Unterbrechung erfolgte. Der Gletscher wich bei seinem Abschmelzen nicht gleichmäßig zurück, sondern machte an manchen Stellen eine längere Ruhepause, ja er konnte sogar wieder eine Strecke weit vorstoßen. So wurde das Abschmelzen des Würmgletschers durch den „Bühlvorstoß" unterbrochen. Die Linie, an der der Eisrand längere Zeit verweilte, ist durch besondere Endmoränenwälle im Gelände gekennzeichnet. So liegen die Moränen des Bühlvorstoßes, der für die Berechnung der Eiszeitdauer von besonderer Wichtigkeit ist, an der Stelle, wo die Alpentäler sich in das Vorland öffnen.

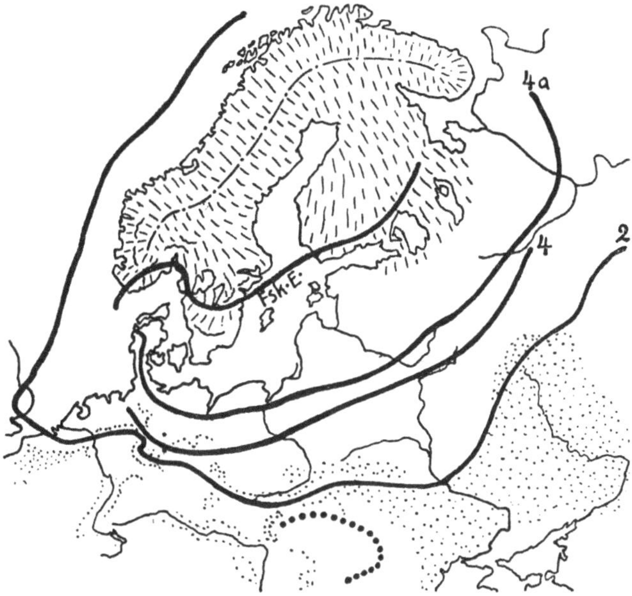

Abb. 4. Das nordeuropäische Vereisungsgebiet.
2 äußerster Stand der 2. (Mindel-) Vereisung. 4 äußerster Stand der 4. (Würm-) Vereisung. 4a baltische Endmoränen. Fsk-E fennoskandische Endmoränen.
Nach Olbricht.

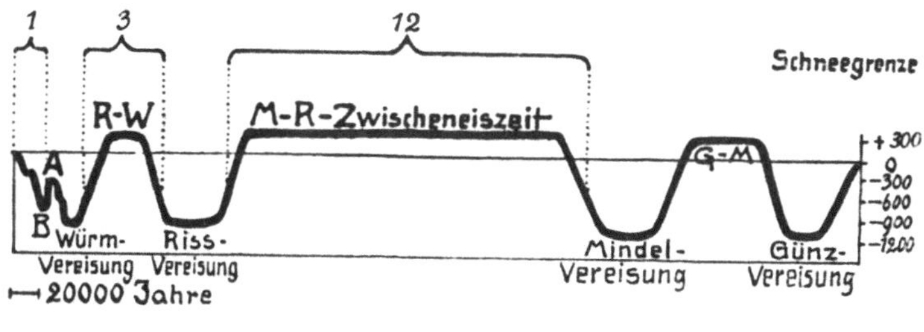

Abb. 5. Klimakurve der Eiszeit nach Penck.
A Achsenschwankung (Rückzug der Gletscher). B Bühlvorstoß.

Die Frage nach der Ursache der Vereisung beschäftigt den Geologen, seit er überhaupt von diesem Ereignis weiß. Eine Unmenge von Theorien hat schon versucht, die Eiszeit mit ihrem mehrmaligen Klimawechsel zu erklären. Es ist ein Gebiet, das der Phantasie — und die ist auch in der Wissenschaft nötig! — den weitesten Spielraum läßt, und wo dem Forscher die Möglichkeit winkt, eines der dunkelsten Geheimnisse der Erdgeschichte aufzuklären. Da gibt es nun Theorien, die nicht nur die Ursache der Eiszeit erklären wollen, sondern die in ihrer mathematischen Durchführung auch gleich den zeitlichen Ablauf der ganzen Erscheinung ergeben. Es sind Theorien, die aus großen astronomischen Vorgängen das Ereignis verständlich zu machen versuchen.

Seit dem großen Schwaben Kepler wissen wir, daß die Erde wie alle Planeten sich in ellipsenförmiger Bahn um die Sonne bewegt; die Sonne steht in einem Brennpunkt der Ellipse. Die Erdachse bildet mit der Ebene der Erdbahn einen Winkel von 66½°, und mit parallel bleibender Lage seiner Umdrehungsachse beschreibt unser Weltkörper seinen Umlauf um die Sonne, die ihn streng und fest nach den Gesetzen der Massenanziehung in seiner Bahn erhält. Nun bleibt aber die Gestalt der Erdbahn nicht ewig dieselbe; sie verändert sich in langen, aber meßbaren Zeiträumen. Langsam nimmt die Exzentrizität der Bahn zu und ab, d. h. die Bahnellipse wird periodisch flacher und dann wieder mehr kreisförmig. Dabei dreht sich die große Achse der Ellipse in der Ebene der Erdbahn, und schließlich bleibt auch die Lage der Erdachse nicht dauernd sich selbst parallel, die Erde führt vielmehr in einer Periode von 26000 Jahren die sogenannte Präzessionsbewegung aus, die darauf zurückzuführen ist, daß die Anziehungskraft der Sonne den Äquatorwulst der Erde in die Bahnebene hereinzuziehen versucht, diese aber als „Kreisel“ mit ihrer Umdrehungsachse ausweicht.[3]

[3] Es ist natürlich im Rahmen dieses Buches nicht möglich, eine erschöpfende Darlegung der astronomischen Verhältnisse zu geben. Wer sich eingehender für diese Fragen interessiert, sei auf Bölsche „Eiszeit und Klimawechsel“ hingewiesen.

Bei den Veränderungen in der Gestalt der Erdbahn setzt nun eine Theorie ein, die von Croll begründet wurde. Er führt dabei ungefähr folgenden Gedankengang durch: Im Maximum der Exzentrizität, das heißt zu der Zeit, in der die Bahnellipse am stärksten von der Kreisform abweicht, besteht ein großer Unterschied in der Dauer der Jahreszeiten. Nach dem zweiten Keplerschen Gesetz muß sich die Erde in der Sonnennähe rascher bewegen als in der Sonnenferne. Für die Erdhälfte, die in der Sonnennähe Sommer hat, ist diese Jahreszeit zwar sehr heiß, sie eilt aber rasch vorbei; das Winterhalbjahr dauert 36 Tage länger als das Sommerhalbjahr. Dabei ist der Winter in der Sonnenferne außerordentlich kalt und streng. Gegenwärtig befinden wir uns in einer Periode schwacher Exzentrizität, die Erdbahn ist beinahe kreisförmig, und Winter- und Sommerhalbjahr unterscheiden sich daher nur um acht Tage. Der Wechsel der Exzentrizität vollzieht sich in einer Periode von mehreren hunderttausend Jahren. Nun lehrt Croll: Ein Maximum der Exzentrizität hat für die Erde jedesmal eine Eiszeit zur Folge. In dem langen, kalten Winter, den diese Periode für eine Halbkugel mit sich bringt, sammelt sich so viel Schnee und Eis an, daß auch der folgende kurze und heiße Sommer sie nicht zum Verschwinden bringen kann. Im nächsten Jahr verstärkt sich noch diese Wirkung, die Jahr für Jahr weiter zunimmt und schließlich zur Vereisung führt. Währenddessen hat zwar die andere Erdhälfte recht günstige Verhältnisse: kurze, warme Winter und lange, kühle Sommer. Aber in der zweiten Hälfte der Präzessionsperiode, nach 10500 Jahren,[4] beginnt für sie die ungünstige Wärmeverteilung, während die erste Halbkugel sich auch in der für sie günstigen Zeit nicht von der angefangenen Vereisung erholen kann. Erst wenn die Erdbahn wieder mehr kreisförmig wird, geht die Vereisung zurück und verschwindet schließlich ganz. Ein Maximum der Exzentrizität mit seinen großen Gegensätzen in der Dauer der Jahreszeiten hat also eine Eiszeit zur Folge, das Minimum mit der gleichmäßigen Verteilung der Wärme eine Zwischeneiszeit. Die Periode, in der der Wechsel vor sich geht, läßt sich berechnen; die vorletzte Eiszeit müßte nach Croll in den Jahren 980000–720000, die letzte in den Jahren 240000 bis 80000 vor unserer Zeitrechnung gewesen sein.

[4] Infolge der Verschiebung des Punkts der Sonnennähe verkürzt sich die Periode der klimatischen Einwirkung von 26000 auf 21000 Jahre.

Das sind die Grundgedanken der Crollschen Theorie; sie ist geistreich und scharfsinnig, aber leider nicht zu halten. Wenn sie richtig wäre, so müßten ja in der ganzen Erdgeschichte regelmäßig Eiszeiten und Zwischeneiszeiten einander ablösen. Nun hat es wohl schon in früheren Perioden der Erdgeschichte Eiszeiten gegeben; die letzte große Eiszeit aber setzt nach einer langen Periode mit warmem, ja heißem Klima beinahe unvermittelt mit ihrer Kälte ein. Kein Geologe wird außerdem die Jahreszahlen, die Croll errechnet, für richtig halten können; das werden uns spätere Ausführungen zur Genüge beweisen. Es kann mit aller Bestimmtheit gesagt werden, daß das Ende der letzten Eiszeit nicht 80000 Jahre, sondern nur wenig mehr als 10000 Jahre hinter der Gegenwart zurückliegt. Die klimatischen Grundlagen der Theorie sind sogar so unsicher, daß neuerdings ein Forscher (Hildebrand) beweisen wollte, daß die Eiszeit in das Minimum der Exzentrizität fallen müsse! Schließlich hat Croll noch eine Reihe von meteorologischen Faktoren unberücksichtigt gelassen, die von Pilgrim in einer genauen mathematischen Nachprüfung der Theorie sorgfältig in die Rechnung eingestellt wurden. Aber auch sie vermochte die schweren Bedenken gegen die ganze Theorie nicht zu beheben; unser Urteil kann nur das eine sein, daß für die Gewinnung genauer Alterszahlen die astronomischen Theorien z. B. ausscheiden müssen. Wenn wir trotzdem die

Crollsche Theorie in den Kreis unserer Betrachtungen gezogen haben, so hat das seinen Grund darin, daß sie ein wunderschönes Beispiel für eine Zeitmessung nach dem Prinzip der Pendeluhr darstellt. Wie das Pendel unter der Einwirkung der Schwerkraft rhythmisch hin und her schwingt, so verändert sich unter dem Einfluß derselben zwischen den Weltkörpern wirkenden Anziehungskraft die Bahn unserer Erde. Es ist ein geheimnisvoll großartiges Bild, wie die Bahnellipse unseres Gestirns nicht fest und starr im Weltraum liegt, sondern wie sie pulsiert, sich abflacht und wieder rundet, wie die Erdachse nicht ständig auf denselben Punkt des Fixsternhimmels weist, sondern langsam und gemessen als Kreiselachse ausweicht und in der Periode von 26000 Jahren ihre Präzessionsbewegung ausführt. Es ist tatsächlich der Pendelschlag der Weltuhr, der sich hier vor unserem Geistesauge vollzieht: Rhythmische Bewegung unter dem Zwange der Schwerkraft. Aber leider ist unsere Weltuhr recht unvollkommen. Die irdische Pendeluhr besitzt außer dem schwingenden Zeitmesser ein Zählwerk, das mit kunstvoll ineinandergefügten Rädern die Zahl der Schwingungen auf dem Zifferblatt sichtbar in die Erscheinung treten läßt. Unsere Weltpendeluhr schlägt wohl, aber ob und wie sie zählt, das ist uns noch ein Rätsel. Wohl konnte der Mensch vermuten, in den rhythmisch sich folgenden Eiszeiten ihre Schläge zu erkennen. Genauere Überlegung und Nachprüfung läßt uns jedoch diese Annahme wieder verwerfen. Vielleicht ist auch der Einfluß jener astronomischen Vorgänge viel zu geringfügig, um sich deutlich sichtbar in Erscheinungen der Erdoberfläche auszuwirken. Wir gehen daher von den weltumfassenden Theorien über die Eiszeit zur geologischen Einzelforschung über, die aus der peinlich genauen Untersuchung der Erdrinde ihre Schlüsse über die Dauer geologischer Zeiträume zu ziehen versucht.

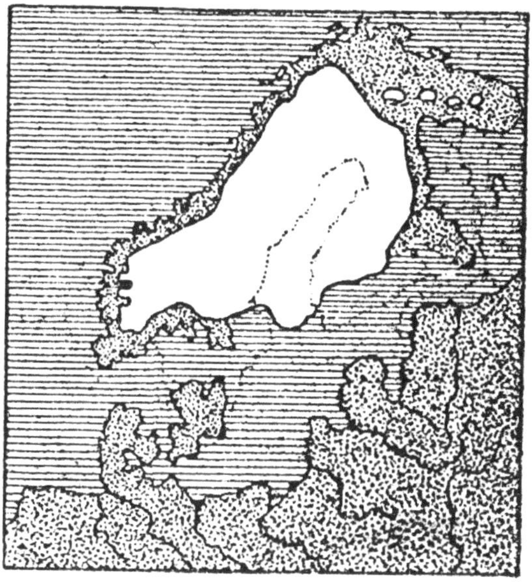

Abb. 6. Das Abschmelzen des Eises in Skandinavien. Das Stirnende des Gletschers ragt noch in das „Noldiameer“.
Nach de Geer aus Kayser, Lehrbuch der Geologie.

Während der letzten Eiszeit lag die skandinavische Halbinsel ganz unter einem riesigen Eisschild verborgen, der vom Kamm des Gebirges aus bis weit nach England, Deutschland und Rußland hinein sich ausgebreitet hatte und der mit dem Wärmerwerden des Klimas langsam wieder abschmolz, sich auf seinen Ausgangspunkt, die Eisscheide, zurückzog und schließlich ganz verschwand. Einem schwedischen Geologen, de Geer, fiel schon 1878 auf, daß fast das ganze Gebiet der früheren Vereisung zu oberst von einem Ton bedeckt ist, der ganz regelmäßig gebänderte Schichtung aufweist. Die Frage war: Wie sind diese Bändertone entstanden, und wie erklärt sich ihre Schichtung? Die Schichten der Tone sind vollständig ungestört, der Gletscher konnte also nicht mehr über sie hinweggegangen sein. Mannigfache Untersuchungen machten es allmählich zur Gewißheit, daß sie im Zusammenhang mit dem abschmelzenden Eis in einem Meer zum Niederschlag gekommen waren.

Als die Eisdecke abschmolz, lag das Land noch unter dem Meeresspiegel, das Stirnende des Gletschers ragte ins Meer hinein (Abb. 6); auf der Oberfläche des Eises sank das Schmelzwasser in Spalten und Rissen in die Tiefe, bahnte sich unterhalb des Gletschers seinen Weg zum Eisrand und führte dabei die leichter ausschwemmbaren Bestandteile der Grundmoräne, Ton und Sand, mit sich. Wo nun dieser Schmelzwasserstrom unter dem Eis hervor ins Meer mündete, da riß er den Sand noch eine kurze Strecke mit sich, um ihn dann liegen zu lassen; die feineren Tonbestandteile wurden erst weiter draußen abgelagert. Im Winter bildeten sich im allgemeinen infolge der geringeren Menge des Schmelzwassers feinkörnige, hauptsächlich tonige Niederschläge, die durch organische Beimengungen dunklere Färbung annahmen, im Frühjahr und Sommer, wo die stärksten Wassermengen arbeiteten, waren die Niederschläge sandiger und von heller Farbe. Im nächsten Jahr kam im Wechsel der Jahreszeiten eine weitere Schicht Ton und Sand zur Ablagerung, die aber infolge des Zurückweichens des Gletschers nach Norden so viel weiter nördlich anfing, als der Gletscher im Lauf des Jahres zurückgewichen war und ebensoviel weiter nördlich auch wieder aufhörte (vgl. Abb. 7).

Jahr für Jahr bildete sich also eine neue Schicht; alle Schichten, abwechselnd aus dunklen und helleren Lagen von Ton und Sand bestehend, mußten sich dachziegelförmig übereinander lagern, jede folgende weiter im Norden beginnend. Die wunderbar deutlich ausgeprägten Schichten der Bändertone hängen also mit der Periode des Jahres zusammen, sie stellen nichts anderes als Jahresringe dar.

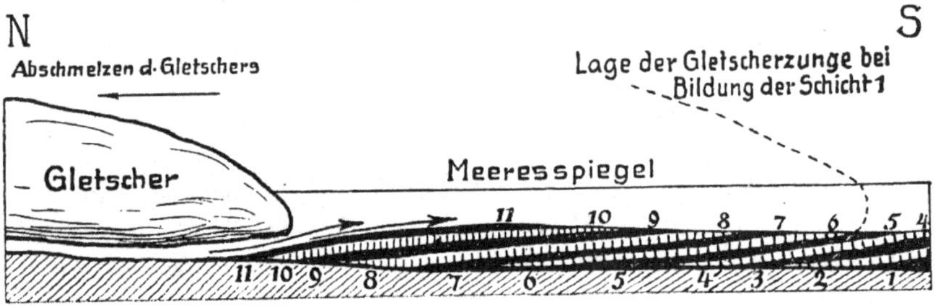

Abb. 7. Bildung der Bändertone.

Nun handelte es sich aber noch darum, die Zahl all dieser Jahresschichten, die über ganz Schweden weg sich ausbreiteten, zu bestimmen; damit mußte man die Frage beantworten können, wie lange der Gletscher zu ihrer Bildung gebraucht hatte, von der Zeit an, da er noch an der Spitze Schonens stand bis zu dem Augenblick, da sein letzter Rest auf der Eisscheide vollends abschmolz. Es winkte also die Möglichkeit, durch die Zählung der Schichten die Zahl der Jahre zu bestimmen, die der Gletscher zum Zurückweichen von Schonen bis zur Eisscheide nötig gehabt hatte. Das war keine leichte Aufgabe, denn es handelte sich ja um Schichten, die nirgends zusammenhängend, sondern immer nur an einzelnen Punkten aufgeschlossen waren. Man hätte daran denken können, von Süden nach Norden einen großen Einschnitt herzustellen, und damit nach Art des Bildes 6 einen zusammenhängenden Aufschluß in den Bändertonen zu schaffen, längs dessen man die Zahl der Schichten in der schönen dachziegelartigen Überlagerung leicht hätte feststellen können. Daß dies ein ungeheuer kostspieliges Riesenwerk hätte sein müssen, leuchtet ohne weiteres ein. De

Geer fand einen einfacheren Weg. In zahlreichen einzelnen Aufschlüssen, in Tongruben, Ziegeleien, Eisenbahneinschnitten wurde von ihm und seinen Schülern, die er sich zur Mitarbeit heranzog, in den Jahren 1905 und 1906 die Mächtigkeit der einzelnen Schichten genau mit dem Meßband gemessen. Es zeigte sich bald in benachbarten Aufschlüssen, daß die Mächtigkeitsverhältnisse aufeinanderfolgender Schichten in allen Profilen sich gleich blieben. Das ist auch leicht verständlich und erklärbar, denn das eine Jahr brachte mehr Wasser und damit auch mehr Sand und Ton mit als das andere. Die Abb. 8 und 9 sollen das Verfahren de Geers erklären. In den Punkten A, B und C der Karte wurde die Dicke der einzelnen Tonschichten gemessen, die Mächtigkeiten wurden in einzelnen übereinander angeordneten wagrechten Linien graphisch dargestellt und die Endpunkte miteinander verbunden, so daß sich für die drei Punkte die Bilder Nr. 9 ergaben.

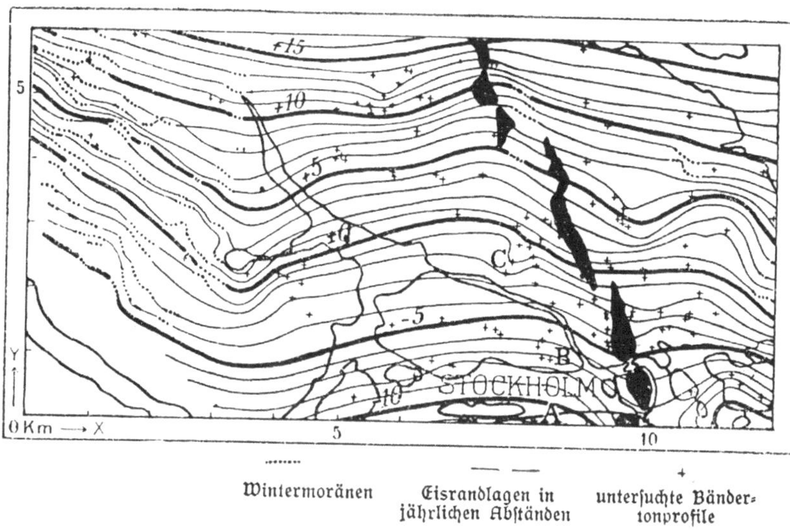

Abb. 8. Zurückweichen des Eises in der Gegend von Stockholm. Nach de Geer.

Es zeigte sich, daß die Schichten 1–19 des Punktes B in ihren Mächtigkeitsverhältnissen genau den Schichten 4–22 des Punktes A entsprachen; diese Schichten waren also in gleichen Jahren gebildet worden und mußten einander gleichgestellt werden. Im Profil B fehlten die drei untersten Schichten des Profils A, das Eis hatte somit zum Zurückweichen von A nach B den Zeitraum von drei Jahren gebraucht. Ebenso entsprachen die Schichten 1–18 des Profils C deutlich den Schichten 7–24 des Profils B, es fehlten also im Profil C die sechs untersten Schichten von B; das Eis hatte somit sechs Jahre zum Rückzug von B nach C gebraucht. Durch Aufnahmen einer größeren Anzahl von Schichtprofilen konnte auf diese Weise genau das

Zurückweichen des Gletschers bestimmt werden, und so entstand das Kärtchen aus der Gegend von Stockholm (Abb. 8), das die aufeinander folgenden Eisrandlagen für einen Zeitraum von etwa 25 Jahren in Kurven darstellt. Dabei ergab sich noch ein weiteres interessantes Ergebnis: Es fanden mit dieser Aufnahme die zahlreichen kleinen, in Abständen von 100–200 m parallel hintereinander angeordneten Moränenrücken ihre Erklärung; sie zeigen gleichfalls das jährliche Zurückweichen des Gletschers an und sind als sogenannte „Wintermoränen" in der kalten Jahreszeit gebildet worden, während der Eisrand einige Monate an Ort und Stelle blieb.

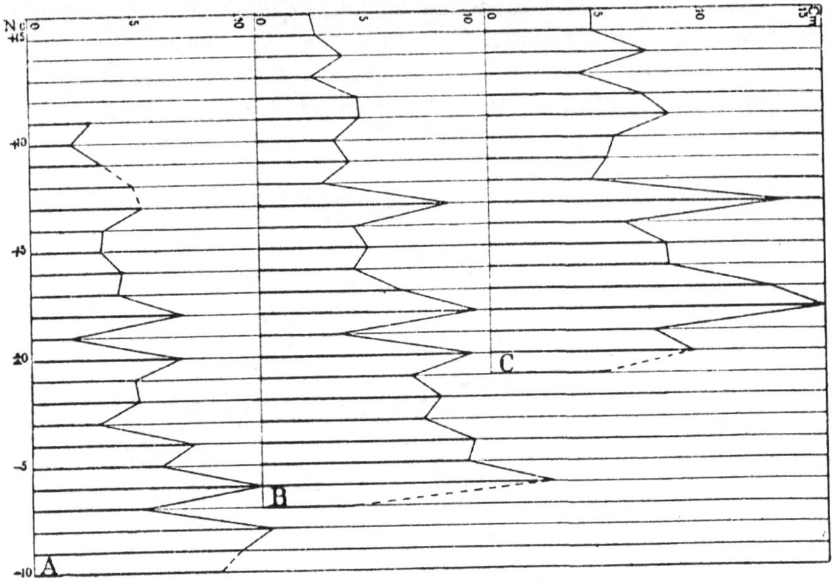

Abb. 9. Mächtigkeiten der Bändertonschichten an den Punkten A, B und C der Karte Abb. 8. Nach de Geer.

Auf diese Weise war es möglich, die Schichten zu zählen, ohne große und kostspielige Einschnitte schaffen zu müssen. De Geer untersuchte die Bändertone längs mehrerer Linien von Schonen bis zur Eisscheide. Es ist ja nicht nötig, die ganze Zählung einer einzigen Linie entlang vorzunehmen, doch muß jedesmal eine neue Linie wieder in gleicher Höhe beginnen; das Bild 10 gibt die von ihm untersuchten Linien an. Seine Ergebnisse bei der Zählung der Schichten und der Eintragung der Ergebnisse in die Karte waren folgende: im Süden Schwedens, in Schonen, wich der Gletscher im Jahr um 50 m zurück, etwas weiter nördlich um 100 m, in der Gegend des Wener- und Wettersees erfolgte eine Pause im Zurückweichen. In dieser Stillstandszeit, die jedoch nur wenige Jahrhunderte dauerte, häufte der Gletscher den Gürtel der fennoskandischen Endmoränen auf, der von Kristiania an quer durch Mittelschweden hindurch zu verfolgen ist und jenseits der Ostsee in Finnland seine Fortsetzung findet. Die Zeit des

Rückzugs von Schonen bis zu diesen Moränen, die gotiglaziale Epoche, umfaßte einen Zeitraum von 3000 Jahren. In der folgenden finniglazialen Epoche ging der Rückzug wesentlich schneller vor sich; im Jahr betrug er 100 bis 300 m, denn der verhältnismäßig geringe Eisrest, der noch übrig geblieben war, schmolz vollends rasch zusammen. So brauchte der Gletscher zu seinem Rückzug von den fennoskandischen Endmoränen bis zur Eisscheide, also bis zu seinem völligen Verschwinden, nur noch 2000 Jahre. Für den ganzen Rückzug von Schonen bis zur Eisscheide war demnach ein Zeitraum von 5000 Jahren nötig.

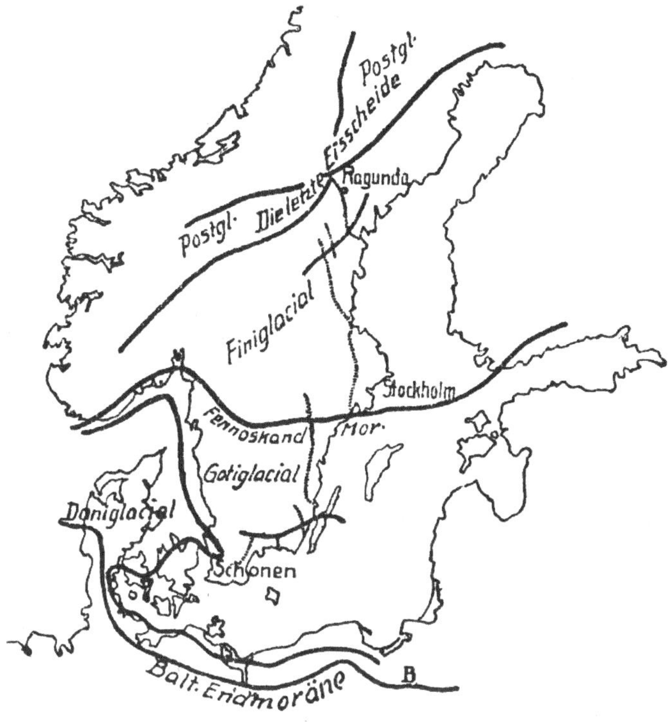

Abb. 10. Zurückweichen des Eises in Skandinavien. Längs der punktierten Linien erfolgte die Zählung der Bändertonschichten durch de Geer.

Diese Bestimmung der Zeitdauer eines genau umschriebenen geologischen Vorgangs bedeutet einen außerordentlichen Fortschritt. Hier haben wir es nicht mit einer von unsicheren und zweifelhaften Voraussetzungen ausgehenden Berechnung zu tun, sondern es handelt sich um ein einfaches Abzählen der Spuren, die der Wechsel der Jahreszeiten sichtbar hinterlassen hat. So besitzt das Ergebnis de Geers die höchst mögliche Zuverlässigkeit und Sicherheit, die wir von einer geologischen Zeitmessung erwarten können; die Schönheit und Eleganz dieser Methode steht in ihrer Art einzig da. Nachprüfungen ihrer Ergebnisse in Finnland, wo dieselben geologischen Verhältnisse sind, haben zu einer vollkommenen Bestätigung geführt.

Eine Reihe von Wünschen bleibt aber doch noch unerfüllt. Zunächst müssen wir feststellen, daß es nur ein verhältnismäßig kleiner Zeitraum ist, den die Zeitmessung de Geers umfaßt. Daran können wir aber leider nichts ändern. Zu bedauern ist aber auch, daß sie nicht unmittelbar an die Jetztzeit anschließt. Wir wissen wohl, daß das Eis zu seinem Abschmelzen von Südschweden bis zur Eisscheide 5000 Jahre gebraucht hat, wir wissen aber nicht, wieviel Jahre seitdem wieder verstrichen sind. De Geer hat zwar versucht, auch diese Zeit zu bestimmen; er benützte dazu eine ganz ähnliche Methode wie früher für das Zurückweichen des Eises. In dem See Ragunda, der nicht weit von der Eisscheide entfernt liegt und 1796 trocken gelegt wurde, fand er in dem alten Seeboden eine ganz ähnliche Schichtung, wie sie von den Eismeertonen beschrieben wurde. Es gelang ihm, auch hier die Zahl der Schichten zu zählen; er fand annähernd 7000 Schichten, die einen Zeitraum von 7000 Jahren vom vollständigen Verschwinden des Eises bis zum Jahr 1796 anzeigen würden.

Seit dem Zeitpunkt, da das Eis an der Südspitze von Schonen stand, wären also bis heute rund 12000 Jahre verflossen. Während nun aber die Zahl von 5000 Jahren für die Zeit des Eisrückzugs als eine endgültig und sicher bestimmte Größe gelten kann, sieht auch de Geer die zweite Zahl nicht als ebenso sicher an. Mit ziemlicher Wahrscheinlichkeit kann gesagt werden, daß die Zeit seit dem Verschwinden der Gletscher etwas größer sein muß; im Ostseegebiet hat sich seither eine ganze Reihe von geologischen Ereignissen abgespielt, für die ein zeitlicher Rahmen von 7000 Jahren nicht ausreicht. Aus dem kalten Eismeer, in das die Gletscher ihre Stirn getaucht haben, wurde zuerst durch Hebung des Landes ein Binnensee, der Ancylussee (Abb. 11). Nach dieser Zeit senkte sich das Land wieder und gestattete dem Meer von der Nordsee her erneut den Zutritt; der Geologe nennt diese Periode die Litorinazeit. In interessanter Weise hat ein deutscher Forscher, Keilhack, aus den Dünenbildungen an der Swinepforte bei Swinemünde die seit der Litorinasenkung verflossene Zeit berechnet. Er fand dort eine Zahl von etwa 200 kurzen Dünen hintereinander angeordnet, die erst nach der Mitte der Litorinazeit entstanden sein können. Durch Vergleich alter schwedischer Karten aus dem 17. Jahrhundert mit dem heutigen Zustand stellte er fest, daß seit dem Jahr 1700 sechs Dünenketten hinzugewachsen seien, daß also ein solcher Dünenzug 35 Jahre zu seiner Entstehung braucht. Seit der Litorinasenkung wären also 7000 Jahre verstrichen. Für die vorausgehende Ancyluszeit müssen dann mindestens 4000 Jahre angesetzt werden, und wir bekämen so für die Zeit seit dem Abschmelzen der Gletscher 7000 + 4000 = 11 000 Jahre. Eine solche Zahl wird gegenwärtig von der Mehrzahl der

Forscher (z. B. Werth, Olbricht, Keilhack) für wahrscheinlicher gehalten als die 7000 Jahre de Geers. Vor 16 000 Jahren wäre demnach das Eis an der Südspitze Schonens gestanden.

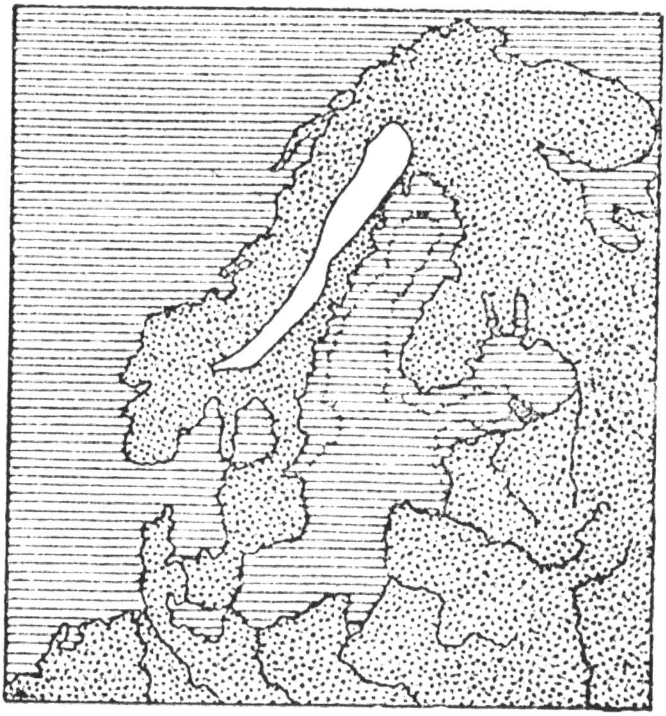

Abb. 11. Beginn der Ancyluszeit. Das Eis kurz vor dem endgültigen Abschmelzen. Nach de Geer aus Kayser.

Nachdem wir so den unmittelbaren Anschluß an die Gegenwart gefunden haben, soll es vom Zeitpunkt, da das Eis in Schonen stand, einen Schritt weiter in die geologische Vergangenheit zurückgehen. Die nächste Frage muß nun sein: wie lange brauchte das Eis zum Zurückweichen von dem großen baltischen Endmoränenrücken bis Südschweden? Dieser riesige Endmoränenzug (vgl. Abb. 5) bedeutet sicher einen größeren Einschnitt in der Geschichte der letzten Eiszeit; die meisten Forscher nehmen an, daß er dem Bühlvorstoß der alpinen Gletscher zeitlich gleichzusetzen sei.

Es scheint, daß das Eis beim Abschmelzen vom Höhepunkt der Würmeiszeit seine Rückwärtsbewegung durch einen erheblichen Vorstoß wieder unterbrochen hat. Dieser Vorstoß prägt sich, da der Eisrand dann längere Zeit in seiner Lage verweilte, in ganz besonders starken Moränenzügen aus. Nun dürfen wir, um das Zurückweichen der Gletscher vom baltischen Höhenrücken bis Südschweden zu berechnen, nicht einfach die

Rückzugsgeschwindigkeit einsetzen, die von de Geer in Südschweden nachgewiesen wurde (50 m in einem Jahr). Das Eis schmolz zu einem früheren Zeitpunkt, als der ganze Eisschild noch viel größer war, ohne Zweifel viel langsamer ab als später; dies zeigte sich ja auch mit vollkommener Deutlichkeit für den Rückzug des Eises in Schweden. Für seinen Rückzug vom baltischen Höhenrücken bis Schonen können daher etwa 4000 Jahre angesetzt werden; es wären also 20000 Jahre verflossen, seitdem das Eis in Schleswig, Mecklenburg, Pommern und Masuren stand. Das Mindestmaß für diese Zeit mag, wenn wir statt der 11000 Jahre seit dem vollständigen Verschwinden der Gletscher nur die 7000 Jahre de Geers einsetzen und für das Zurückweichen vom baltischen Höhenrücken bis Schonen nur 3000 Jahre annehmen, im ganzen 7000 + 5000 + 3000 = 15000 Jahre betragen; das Höchstmaß beträgt etwa 25000 Jahre. — Diese Abweichungen vom Mittelwert sind noch erträglich. Je weiter es aber in die Vergangenheit zurückgeht, um so mehr weichen die Ansichten der Forscher voneinander ab. Während der eine zum Höhepunkt der letzten Eiszeit (der Würmeiszeit) nur noch 2000–4000 Jahre zurückrechnet, kommt der andere bereits auf weitere 10000–20000 Jahre. Die geologischen Vorgänge sind eben noch keineswegs bis in alle Einzelheiten geklärt. Ehe wir weiter zurückschreiten, seien auch die Verhältnisse in anderen Vereisungsgebieten näher ins Auge gefaßt.

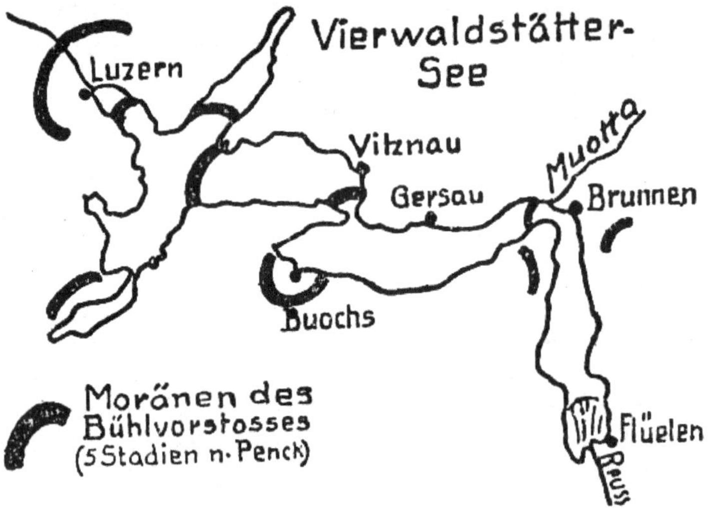

Abb. 12.

Auch im Gebiet der Alpen wurde eine Reihe von Versuchen unternommen, Zahlen für die seit der letzten Vergletscherung verflossene Zeit zu gewinnen. Am bekanntesten ist die Rechnung des Schweizer Geologen Heim geworden, der von Untersuchungen am Vierwaldstätter See ausging. Im Gebiet dieses Sees sind fünf hintereinanderliegende Moränenzüge zu beobachten, die alle dem Bühlstadium zugerechnet werden; der äußerste liegt unterhalb des Sees, die vier andern sind durch Lotungen auf dem Seeboden deutlich nachweisbar (Abb. 12). Der innerste und östlichste Moränenrücken schließt das Gebiet des Urner Sees ab, in dem zwei Flüsse ihre Schlamm- und Geröllmassen ablagern: die größere Reuß, die bei Flüelen mündet und die kleinere Muota, die aus dem Kanton Schwyz kommt. Als der Gletscher noch durch das heutige Seebecken strömte, muß er es vollkommen ausgeräumt haben. Seit seinem Rückzug haben aber Reuß und Muota begonnen, jedes ein Delta in den See hineinzubauen und ihn so allmählich auszufüllen. Unter bestimmten Voraussetzungen läßt sich der Kubikinhalt der Deltabildungen berechnen. Da auch die jährlich durch die beiden Flüsse in den See geführte Schlamm- und Geröllmasse einigermaßen bekannt ist, so folgt daraus die Zeit, die zur Bildung der Aufschüttungen nötig war. Heim geht sehr vorsichtig in seiner Berechnung vor und erhält 10000–50000 Jahre; am wahrscheinlichsten erscheint ihm die Zahl von 16000 Jahren. So viel Jahre wären also verflossen, seit sich der große Reußgletscher nach dem Bühlvorstoß zurückzog und das Gebiet des Vierwaldstätter Sees freigab.

Abb. 13. Thuner und Brienzer See.

Eine ganz ähnliche Berechnung führte Steck am Thuner und Brienzer See aus; der letztere wurde zur selben Zeit wie der Vierwaldstätter See vom Gletscher verlassen. In den Brienzer See ergießt sich die Aare, in den Thuner See die Kander, die seitlich einmündende Lütschine hat bei Interlaken in den früher einheitlichen See ein Delta hineingebaut, das ihn beim Größerwerden schließlich in zwei einzelne Seebecken trennte (Abb. 13). Steck erhielt für die Zeit, welche die Lütschine zur Aufschüttung ihres Deltas nötig hatte, 20000 Jahre, für die Bildung des Aaredeltas im Brienzer See 15000 Jahre.

Von anderen Voraussetzungen ging Nüesch aus, der die Ablagerungen einer Höhle, des Schweizersbildes, untersuchte. Die Höhle wurde erst nach dem

Bühlstadium vom Gletscher freigegeben und war von da an eine Behausung des Steinzeitmenschen. In den Schichten, die sich im Lauf der Jahrtausende auf dem Boden der Höhle gebildet hatten, konnte Nüesch durch Funde von Werkzeugen eine Kulturentwicklung der Bewohner von der älteren Steinzeit bis zur Metallzeit nachweisen. Durch den Vergleich der Mächtigkeit der alten Kulturschichten mit der obersten Metallzeitschicht, für deren Bildungszeit 4000 Jahre angenommen werden können, fand er für die ältesten Schichten ein Alter von 24000 Jahren.

Vergleicht man alle drei Altersberechnungen aus dem Gebiet der alpinen Vergletscherung, so zeigt sich eine nicht unbefriedigende Übereinstimmung: Die Zeit, als sich die Gletscher nach dem Bühlvorstoß in die Alpentäler zurückgezogen, liegt rund 20000 Jahre zurück. Dieses Ergebnis stimmt auch nicht schlecht mit dem Alter zusammen, das für die baltischen Endmoränen berechnet wurde; sie sind ja vermutlich dem Bühlvorstoß gleichzusetzen.

Wir wenden uns jetzt noch Nordamerika, dem dritten großen Vereisungsgebiet, zu, das, ähnlich wie Nordeuropa, unter einer ungeheuren Decke von Inlandeis begraben war. Beim Rückzug des Eises, der zur selben Zeit erfolgt sein muß wie in Europa, wurde allmählich das Gebiet der heutigen großen Seen (Abb. 14) eisfrei; ihr Wasser mußte dem Meere zu abfließen. Zwischen dem Erie- und dem tiefer gelegenen Ontariosee bildete sich ein Fluß, der über die dazwischenliegende Geländestufe hinabstürzte. Das war der Anfang der Niagarafälle. Durch die ausstrudelnde Wirkung des stürzenden Wassers wurden am Grund des Falls die weicheren Schichten herausgewaschen, so daß die härteren nachstürzen mußten (Abb. 15). Auf diese Weise schnitt sich der Fall immer weiter rückwärts in die Gesteinstafel ein, und auch heute noch weicht er immer mehr in der Richtung gegen den Eriesee zurück. Er hat im Laufe der Zeit eine 11,3 km lange Schlucht eingenagt, die in ihren verschiedenen Teilen die Geschichte ihrer Entstehung noch deutlich erkennen läßt (Abb. 16). Der Fall war anfangs nur 11 m hoch. Da der Fluß damals nur den Eriesee entwässerte (die drei andern Seen hatten noch ihren besonderen Abfluß zum Meer), so betrug seine Wassermenge nur 15% der heutigen. Die Schlucht war eng, das Zurückweichen erfolgte langsam und betrug nur etwa 12 cm im Jahr. Nach wechselnden geologischen Ereignissen kam schließlich das Wasser aller fünf Seen durch den Niagara zum Abfluß, der gegenwärtig in zwei Fällen, dem schwächeren amerikanischen und dem Hufeisenfall, 50 m tief in die Schlucht stürzt, ein urgewaltiges Naturschauspiel bietend. In dem jüngsten Teil der Schlucht wurde das jährliche Zurückweichen des Falls zu 1,37 m berechnet. Eine Reihe von Geologen (Spencer, Taylor, Gilbert) hat auf Grund aller Einzelheiten im Ablauf der geologischen Ereignisse die Zeit zu berechnen versucht, die der Niagara zur Eintiefung der ganzen Schlucht benötigte; sie erhalten Zahlen, die sich zwischen 20000 und 40000 Jahren, im Mittel um

30000 Jahre bewegen. So lange schon muß demnach die Gegend des Erie- und Ontariosees vom Eise verlassen sein.

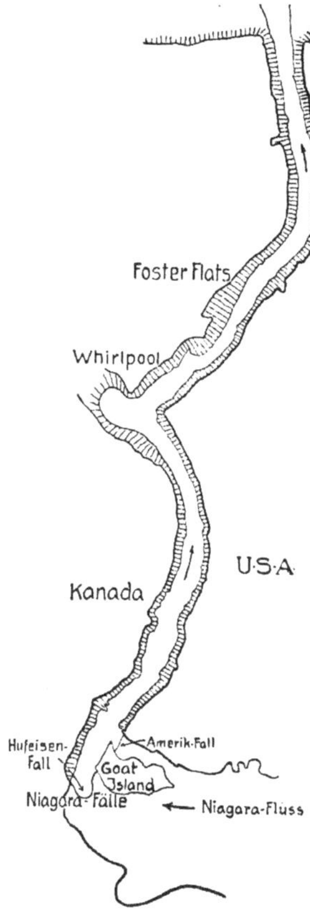

Abb. 16. Schlucht des Niagaraflusses.

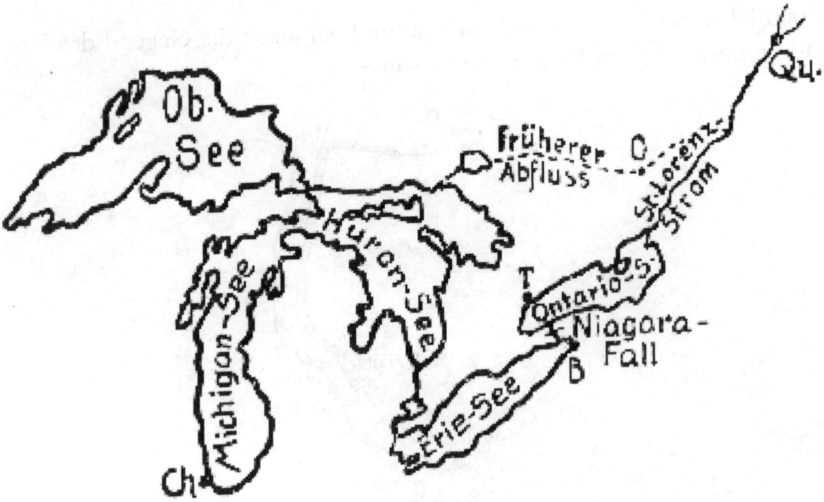

Abb. 14.

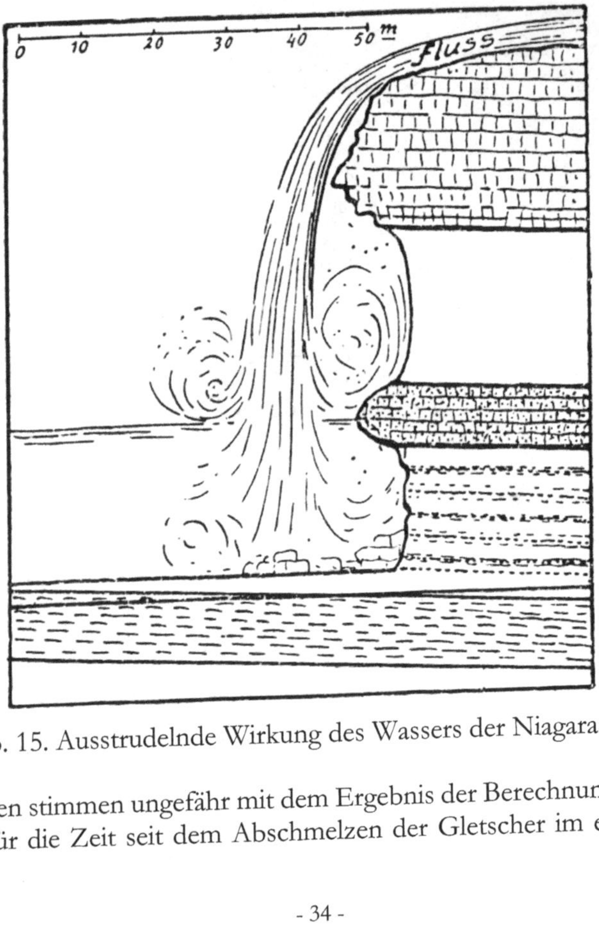

Abb. 15. Ausstrudelnde Wirkung des Wassers der Niagarafälle.

Die Zahlen stimmen ungefähr mit dem Ergebnis der Berechnungen überein, die wir für die Zeit seit dem Abschmelzen der Gletscher im europäischen

Vereisungsgebiet ausgeführt haben; allerdings scheint sich ein etwas höherer Wert zu ergeben, als wir ihn für das Alter der baltischen Endmoränen und des Bühlvorstoßes gewonnen haben; dies erklärt sich vielleicht so, daß die Gegend des Erie- und Ontariosees schon vor der Bühlzeit vom Gletscher verlassen wurde.

Durch all diese Berechnungen, die sich bis jetzt nur auf die Spät- und Nacheiszeit bezogen haben, werden wir aber ganz von selber weitergeführt zur nächsten Frage: Wie erhalten wir Alterszahlen für die ganze Eiszeit? Je weiter wir zurückgehen, um so schwieriger wird unsere Aufgabe, und es ist leicht verständlich, daß es so sein muß: Das uns zeitlich Nächstliegende übersehen wir mit all seinen Einzelheiten am besten und klarsten. Je weiter wir uns von der Gegenwart entfernen, um so lückenhafter werden unsere Kenntnisse, um so stärker sind die Ablagerungen umgewandelt oder gar teilweise schon wieder abgetragen. Penck, der Erforscher der „Alpen im Eiszeitalter", geht bei der Berechnung folgendermaßen vor: Er weist darauf hin, daß die Flüsse in der Nacheiszeit und in den verschiedenen Zwischeneiszeiten eine riesige Arbeit geleistet haben. Sie haben die Moränen zum großen Teil aufgearbeitet und mächtige Schottermassen aufgeschüttet, die als Deckenschotter und Terrassenschotter dem Geologen bekannt sind. In den verschiedenen Zwischeneiszeiten und der Nacheiszeit konnte auch die Verwitterung auf die verschiedenen Eiszeitablagerungen einwirken und sie der Länge der Zeit entsprechend mehr oder weniger tief angreifen. Nach dem Maß der von den Flüssen in der Spät- und Nacheiszeit geleisteten Aufschüttungsarbeit und der Stärke der Verwitterung versucht nun Penck, Verhältniszahlen für die Dauer der verschiedenen Zeiten zu gewinnen. Er kommt zu folgendem Ergebnis: Nimmt man die Zeit seit dem Bühlvorstoß, die wir kurz als Nacheiszeit im weiteren Sinn bezeichnen wollen, als Einheit, so war die Riß-Würm-Zwischeneiszeit etwa dreimal so lang, die Mindel-Riß-Zwischeneiszeit etwa zwölfmal so lang, die Günz-Mindel-Zwischeneiszeit wieder etwa dreimal so lang wie die Nacheiszeit. Die Zeitdauer aller Zwischeneiszeiten beträgt somit das 18fache der Nacheiszeit. Gewiß hat sich auch jedesmal das Eis bei seinem Vorstoß einige Zeit auf dem höchsten Stand gehalten. Setzt man für diese eigentlichen Eiszeiten ungefähr das Sechs- bis Achtfache der Nacheiszeit an, so kommt man für die ganze Eiszeit auf das 25fache dieser Zeit. Nun haben wir für die Zeit seit dem Bühlvorstoß die Zahl von 20000 Jahren errechnet; wir kommen damit für die Dauer der ganzen Eiszeit auf rund 500000 Jahre.[5] Diese Zahl wird zurzeit von den meisten Forschern für ungefähr richtig gehalten, ob sie nun die nordeuropäischen (Werth, Olbricht), die alpinen (Penck), oder die nordamerikanischen Eiszeiterscheinungen (Grabau) untersuchen. Penck, dem wir bisher in der Hauptsache gefolgt sind, ist allerdings eher geneigt, die Zahl noch etwas höher anzunehmen und sie auf ½–1 Million Jahre zu schätzen.

[5] Vergleiche hierzu nochmals die Abb. 4, die auf Grund dieser Annahmen gezeichnet ist. Sie versucht, den ganzen Ablauf der Eiszeit in richtigen Zeitverhältnissen darzustellen.

Leider haben die Alterszahlen für die ganze Eiszeit nicht mehr denselben Grad von Zuverlässigkeit wie die für die Nacheiszeit berechneten. Wenn wir für die Zeit seit der Aufschüttung der baltischen Endmoränen mit gutem Gewissen sagen können, daß sie von den angenommenen 20000 Jahren nicht mehr als um ein Viertel nach oben oder unten abweichen wird, so schwanken unsere Vorstellungen über die Länge der ganzen Eiszeit schon zwischen viel weiteren Grenzen. Mit recht großer Sicherheit können wir jedoch sagen, daß sie zwischen die Grenzen von 200000 und 1000000 Jahren einzuschließen ist. Das Verfahren, das wir bei diesem Übergang auf die ganze Eiszeit angewandt haben, bezeichnet der Mathematiker als Extrapolation. Er versteht darunter den Versuch, von dem bekannten Verlauf einer Kurve zwischen zwei gegebenen Punkten auf ihren Verlauf außerhalb dieses bekannten Teils zu schließen. In derselben Lage ist der Geologe: Von der recht gut bekannten Nacheiszeit ausgehend, schließt er auf den außerhalb dieser Zeit liegenden Verlauf der Eiszeitkurve.

Jede neue Erkenntnis hilft weiter, sie wirft auch Licht auf andere Probleme. Wir wissen jetzt ungefähr, wie lange die Eiszeit gedauert hat, und damit vermögen wir an eine Frage heranzugehen, die den Menschen beschäftigt, seit er Erdgeschichte treibt, und die ihm bis zu ihrer vollständigen Lösung keine Ruhe lassen wird. Es ist die Frage: Wie alt ist der Mensch? Vor wieviel Jahren hat es zum erstenmal Wesen auf der Erde gegeben, die wir menschlich nennen müssen? Kein Wunder, daß den Menschen diese Frage besonders interessiert, ist er doch an ihr nicht nur rein wissenschaftlich, sondern sozusagen persönlich beteiligt. Leider sind wir aber zurzeit noch weit davon entfernt, die Antwort mit der wünschenswerten Bestimmtheit geben zu können. Um das absolute Alter des Menschengeschlechts zu berechnen, müßten wir zuerst sein relatives geologisches Alter einwandfrei kennen. Wir wissen jedoch nicht einmal, ob der Mensch schon im Tertiär gelebt hat oder ob er erst mit der Eiszeit auftrat. Körperliche Überreste des Menschen sind in Tertiärschichten zwar noch nicht gefunden worden, wohl aber Feuersteine, aus deren Gestalt viele Forscher schließen wollen, daß sie künstlich bearbeitet worden seien. Wären diese „Eolithen" wirklich absichtlich geformte Werkzeuge und nicht bloße Naturprodukte, so könnte ihre Herstellung nur durch ein vernunftbegabtes, in geistiger Hinsicht also menschenähnliches Wesen erfolgt sein. Über die körperliche Beschaffenheit eines solchen Vorfahren des Menschen können wir nichts aussagen, wenn wir ihn nicht am Ende in einem Fund vor uns haben, der 1911 bei Piltdown in England gemacht wurde. Hier wurden ein Schädeldach und der Teil eines Unterkiefers gefunden, über die zunächst ein heftiger Streit entbrannte, ob sie von einem Lebewesen stammten oder zwei Wesen, der Schädel einem Menschen, der Unterkiefer einem Schimpansen, angehört hätten. Neuerdings vergrößerte sich die Wahrscheinlichkeit sehr stark, daß es sich um die Überreste eines einzigen Wesens handle, welches demnach anatomische Merkmale des Menschen und des Affen in sich vereinigt hätte. Leider läßt sich das geologische Alter der Lagerstätte, in welcher der *Eoanthropus Dawsoni* (Dawsons „Mensch der Morgenröte") gefunden wurde, nicht genau bestimmen. Wenn die Vermutung zutrifft, daß die Schichten in den letzten Zeiten des Tertiärs oder auf der Grenze von Tertiär und Eiszeit gebildet worden seien, so hätten wir hier den ältesten Rest eines menschenähnlichen Wesens vor uns; sein Alter könnte auf ½–1 Million Jahre, vielleicht sogar noch höher, angesetzt werden.

Der älteste ganz sichere Menschenfund stammt von Mauer bei Heidelberg aus Schottern und Sanden einer alten, vom Fluß schon längst verlassenen Neckarschlinge. Leider ist es auch ein kümmerlicher Rest, nur ein Unterkiefer, der aber gut erhalten ist und außerordentlich interessante Merkmale aufweist. Ungeheuer stark und massig, ohne Kinn, muß er einem Wesen gehört haben, das noch recht roh und tierisch ausgesehen haben mag; die Form der Zähne ist jedoch durchaus menschlich. Auch das Alter des *Homo Heidelbergensis* ist nicht mit völliger Sicherheit bekannt. Es läßt sich immerhin sagen, daß er der ersten oder zweiten Zwischeneiszeit angehören muß; die übrigen Fossilreste, die in den Sanden gefunden wurden, sprechen für die erste (Günz-Mindel-) Zwischeneiszeit. Das würde dem Menschen von Heidelberg auf alle Fälle ein Alter von mehreren Jahrhunderttausenden sichern. Erst in jüngeren Ablagerungen der Eiszeit werden die Überreste des Menschen häufiger, zugleich auch die Zeugnisse seiner Kunstfertigkeit: Feuersteinwerkzeuge, aus denen wir uns ein Bild der Kulturentwicklung machen können. Nach dem Fortschritt in der Verarbeitung der Feuersteine sind eine Reihe von Kulturstufen aufgestellt worden. Vielleicht war der Heidelberger Mensch Träger der ersten Stufe der älteren Steinzeitkultur; für die späteren Stufen dieser Epoche war es die bekannte Neandertalrasse, von der Überreste aus der letzten Zwischeneiszeit in guter und vollständiger Erhaltung gefunden wurden. Diese Menschenreste haben demnach ein Alter von 50000–100000 Jahren.

Gegen das Ende der letzten Eiszeit wurde dann die Neandertalrasse von Menschen abgelöst, die man anatomisch kaum mehr vom heute lebenden Europäer unterscheiden kann. Zusammenfassend können wir also sagen, daß das Auftreten des Menschen nach dem heutigen Stand unserer Kenntnisse ungefähr mit dem Beginn der Eiszeit zusammenfällt; sein Alter wird also rund ½–1 Million Jahre betragen. Die ersten Stufen der Kulturentwicklung müssen ungeheuer lange Zeiträume umfaßt haben. Die ältere Steinzeit reicht in unseren Gegenden bis ungefähr zum Jahre 10000 v.

Chr., sie hat also gewiß mehrere hunderttausend Jahre gedauert, während die jüngere Steinzeit nur wenige Jahrtausende umfaßt und die Metallzeit, in der wir jetzt stehen, erst auf ein Alter von etwa 3–4 Jahrtausenden zurückblicken kann. Es sind merkwürdige und unerwartete Verhältnisse, in die wir durch die geologische Zeitmessung einen Einblick gewinnen.

Noch an eine andere Frage können wir nach dem, was wir über den Verlauf der Eiszeit erfahren haben, herantreten. Es ist die Frage: An was für einem Punkt der geologischen Entwicklung stehen wir heute? Haben wir die Eiszeit endgültig hinter uns gelassen und können wir ohne Sorge für kommende Generationen in die Zukunft schauen? Oder sind wir am Ende nur in einer Zwischeneiszeit, der nach einer Reihe von Jahrtausenden wieder eine neue Vereisung folgen wird? Auch zur Beantwortung dieser Frage reichen unsere Kenntnisse nicht aus. Um sie sicher und entscheidend beantworten zu können, müßten wir die Ursache der mehrmaligen Vereisung kennen. Wir könnten dann feststellen, ob diese Ursache endgültig oder nur zeitweilig weggefallen ist, und damit die fernere Entwicklung voraussagen. Von einer Einsicht in die Ursachen der Eiszeit sind wir jedoch meilenweit entfernt, und über den zukünftigen Verlauf der Klimakurve können wir höchstens Vermutungen äußern. Da wir das innere Gesetz der Kurve in Abb. 4 nicht kennen, so wissen wir nicht, wie sie in den nächsten Jahrtausenden oder Jahrzehntausenden nach links weiter verlaufen wird. Sie kann auf der heutigen Höhe bleiben oder sogar noch etwas steigen, sie kann sich aber früher oder später auch wieder nach unten senken. Es ist möglich, daß wir über die große Eiszeit endgültig hinweg sind, es ist ebenso denkbar, daß wir in einigen Jahrzehntausenden wieder einer neuen Vereisung unterliegen. Auf alle Fälle aber gibt uns die kurze Zeit seit dem Abschmelzen der Eismassen auf ihren heutigen Stand — es mögen 11000 Jahre sein — nicht das Recht zu der Behauptung, daß die Gefahr endgültig vorbei sei. Ist ja allein die letzte Zwischeneiszeit nach den Forschungen Pencks dreimal, die vorletzte zwölfmal so lang gewesen wie die Spät- und Nacheiszeit. Die Klimaschwankungen, die wir auch in der Jetztzeit noch beobachten, und die zu einem zeitweiligen Vorrücken oder Zurückweichen der heutigen Gletscher führen, sind zu unbedeutend in ihrer Auswirkung und zeitlichen Dauer, als daß wir daraus irgendwelche Prophezeiungen ableiten könnten. Die Menschheit geht also einer recht unsicheren Zukunft entgegen, und es liegt durchaus im Bereich der Möglichkeit, daß in einigen Jahrtausenden oder Jahrzehntausenden die Gletscher Skandinaviens wieder zu wachsen beginnen, von den Höhen herabfließen, die ganze Halbinsel bedecken, über die Ostsee schreiten und in das blühende norddeutsche Land einbrechen, alles zerstörend und unter starren Eismassen begrabend. Es ist nur gut, daß wir Menschen von heute uns noch keine Sorgen darüber zu machen brauchen.

Nach diesen Betrachtungen soll es aber mutig noch weiter zurückgehen in die geologische Vorzeit. In der Eiszeit fühlt sich der Geologe immer noch ganz nahe der Gegenwart. Ihre Lebewesen sind fast alle heute noch vorhanden, die Tier- und Pflanzenwelt zu Beginn der Eiszeit unterscheidet sich kaum wesentlich von der heutigen. Je weiter wir jedoch zurückschreiten, um so fremdartiger wird die Lebewelt, die wir in versteinerten Überresten vorfinden. Die Methode, mit der wir auch für frühere Perioden Alterszahlen gewinnen wollen, ist dieselbe, mit der wir von der Nacheiszeit aus den Übergang auf die ganze Eiszeit vollzogen haben: Wir schätzen das Verhältnis der Zeitdauer verschiedener Perioden ab und kommen dann unter Verwendung der zuerst gefundenen absoluten Zahlen auf ihren zeitlichen Abstand von der Jetztzeit. Diese Art der Altersberechnung soll zunächst für das Tertiär durchgeführt werden. Penck hat einen Weg hierfür angegeben. Er erhält durch Abschätzung der geologischen Arbeit und der Entwicklung der Lebewesen Vergleichszahlen für die Dauer von Eiszeit und Tertiär. Für das Pliozän nimmt er die 3–4fache, für das Miozän die 6–8fache Dauer der Eiszeit an. Wird diese zu ½ Million Jahre angesetzt, so erhalten wir für Miozän und Pliozän die Dauer von 4½–6 Millionen Jahren. Ohne Zweifel sind Oligozän und Eozän, denen von den Nordamerikanern neuerdings noch ein Paleozän vorausgestellt wird, zusammen mindestens doppelt so lang. Das ganze Tertiär würde demnach einen Zeitraum von 13½–18 Millionen Jahren umfassen. Dabei wurde jedoch mit einem Mittelwert der Eiszeit gerechnet; setzt man auch die Grenzwerte von 200000 und 1000000 Jahren in die Rechnung ein, so erhält man für das Tertiär Werte zwischen 5 und 36 Millionen Jahren.

Auf andere Weise ging Lyell vor. Um Verhältniszahlen zu finden, untersuchte er, wieviele von den Muschelarten der verschiedenen Schichten des Tertiärs sich bis heute erhalten haben, wieviele dagegen ausgestorben sind. Seit Beginn der Eiszeit sind nur wenige Prozent verschwunden, seit Beginn des Miozäns oder gar des Eozäns dagegen sehr viele. Durch genaue Zählungen der noch lebenden und der ausgestorbenen Formen kam Lyell zu der Annahme, der Beginn des Untermiozäns müsse 20mal so weit zurückliegen wie der Beginn der Eiszeit, der Beginn des Eozäns sogar 60mal so weit. Die Dauer des Tertiärs würde also 12–60 Millionen Jahre betragen, der wahrscheinlichste Mittelwert wäre 30 Millionen Jahre.

Ganz ähnlich verfuhr Matthew, ein amerikanischer Säugetierforscher, der die Entwicklung der Pferde zur Gewinnung eines Verhältnismaßstabs benützte. Die Stammesgeschichte des Pferdes ist ja von jeher eines der „Paradepferde“ der Entwicklungslehre gewesen. Aus den versteinerten Überresten läßt sich eine fast lückenlose Reihe verschiedener Formen bilden, die, von einem fünfzehigen Ahnen ausgehend, unter allmählicher Rückbildung der äußeren Zehen und immer stärkerer Ausbildung der mittleren Zehe zum heutigen

Pferd führt. Matthew versuchte nun, die Unterschiede zwischen den einzelnen Formen dieser Entwicklungsreihe in ein zahlenmäßiges Verhältnis zu bringen und kam dabei zu der Aufstellung folgender Tabelle:

Equus caballus		Gegenwart
	1	
Equus Scotti		Beginn der Eiszeit
	10	
Hipparion		Pliozän
	10	
Meryhippus		Obermiozän
	15	
Parahippus		Untermiozän
	5	
Miohippus		Oberoligozän
	5	
Mesohippus		Unteroligozän
	15	
Epihippus		Obereozän
	10	
Orohippus		Mitteleozän
	10	
Eohippus		Untereozän.

Wir lesen aus ihr folgendes heraus: der Unterschied zwischen dem heute lebenden Pferd (*Equus caballus*) und dem Pferd, das zu Beginn der Eiszeit lebte (*Equus Scotti*), ist recht gering; er werde = 1 gesetzt. Viel stärker ist *Equus Scotti* von seinem Vorfahren im Pliozän, dem *Hipparion* verschieden. Ihr Unterschied kann der Zahl 10 gleichgesetzt werden; die Entwicklung von

Hipparion zu *Equus Scotti* muß daher 10mal so lang gedauert haben wie die von *Hipparion* zu *Merybippus*, während dessen Unterschied von *Parahippus* mindestens 15 Einheiten beträgt. Die Zahlen der Tabelle geben also Verhältnisgrößen für die Unterschiede der einzelnen Formen und damit für die Zeitdauer der Einzelentwicklungen. Das Ergebnis ist, daß seit dem Untereozän etwa 80mal so viel Zeit verstrichen ist wie seit dem Beginn der Eiszeit. Das ganze Tertiär (einschließlich des Paleozäns) wäre etwa das 100fache dieser Zeit. Die Einsetzung der Zahlen für die Eiszeit ergibt also eine Dauer des Tertiärs von 20–100 Millionen Jahren, der Mittelwert wäre 50 Millionen Jahre. Nun liegt allerdings der Rechnung die Voraussetzung zugrunde, daß sich die Entwicklung der Pferde während des ganzen Tertiärs in demselben Tempo vollzogen habe wie seit dem Beginn der Eiszeit, daß also die „biologische Uhr", wie wir sie heißen wollen, einen gleichmäßigen Gang aufweise. Das ist gewiß nicht selbstverständlich. Es gibt Stämme im Tierreich, die sich zu gewissen Zeiten ungeheuer rasch entwickelt haben und dann wieder lange Zeit in der Entwicklung scheinbar still gestanden sind. Was die Ursachen derartiger Vorgänge sind, wissen wir nicht; Lebewesen sind eben keine mathematisch berechenbaren Uhrwerke. Außerdem fällt es natürlich sehr schwer, die Unterschiede von Lebensformen in Zahlen zu fassen. Es muß aber doch gesagt werden, daß der Stammbaum der Pferde eine solch ruhige, konsequente und zielsichere Entwicklung aufweist, daß die Berechnungen Matthews sicher nicht ohne weiteres von der Hand zu weisen sind.

Für das Tertiär berechnet also Penck einen Mittelwert von 15 Millionen Jahren, nach Lyell ergeben sich etwa 30 Millionen Jahre, nach Matthew 50 Millionen Jahre; die äußersten Grenzwerte aller Berechnungen betragen 5,4–100 Millionen Jahre. Es zeigt sich damit die Erscheinung, die schon einmal kurz gestreift wurde: Zu der Unsicherheit der Ausgangszahl kommt die Unsicherheit der Verhältniszahlen hinzu, und durch Multiplikation rücken die Grenzen, zwischen denen die wirkliche Zahl liegen muß, immer weiter auseinander. Mit jedem neuen Rückwärtsschreiten wird die ganze Rechnung unsicherer. Immerhin können wir mit ziemlich großer Wahrscheinlichkeit sagen, daß die Zeitdauer des Tertiärs jedenfalls schon nach Zehnern von Jahrmillionen zu bemessen ist. Mit 20–40 Millionen Jahren werden wir von der Wahrheit nicht allzuweit entfernt sein.

Den Abschluß der Berechnungen soll der Übergang vom Tertiär auf die ganze Reihe der übrigen Formationen bilden. Schon Lyell, der Begründer der modernen Geologie, hat diesen weiteren Schritt gewagt. Er erhielt für das Unterkarbon ein Alter von 160 Millionen Jahren, für das Unterkambrium ein solches von 240 Millionen Jahren. Dana stellte für die Zeitdauer der einzelnen Formationen folgende Verhältniszahlen auf: wird das Tertiär zur Einheit genommen, so sind Kreide, Jura und Trias je etwa ebenso lang, die mesozoische Periode dauerte also dreimal so lang wie das Tertiär. Perm und Karbon entsprechen in ihrer Zeitdauer ebenfalls dem Tertiär, dagegen war das Devon zweimal, Silur und Kambrium je viermal so lang. Die ganze paläozoische Periode umfaßt daher das 12fache, die Erdgeschichte seit Beginn des Kambriums etwa das 16fache der Zeitdauer des Tertiärs. Setzen wir für das Tertiär den Mittelwert von 30 Millionen Jahren, so ergibt dies für das Alter der ältesten kambrischen Schichten 480 Millionen Jahre.

Etwas andere Verhältniszahlen gibt Walcott an. Er setzt für das Tertiär 1, für das Mesozoikum 2,5, für das Paläozoikum 6; die Erdgeschichte seit dem Kambrium entspricht also der Zahl 9–22, und für das Alter des Kambriums würden sich 285 Millionen Jahre ergeben. Ganz ähnliche Zahlen wie Dana nennt Häckel. Er setzt für die Zeit seit dem Beginn des Lebens bis heute die Zahl 100. Davon entfallen auf die Zeit bis zum Beginn des Kambriums 52 Teile, auf das Paläozoikum 34 Teile, das Mesozoikum 11 Teile, auf das Tertiär 3 Teile, die Eiszeit 0,1 Teil. Das ergibt für das Alter des Kambriums etwa 480 Millionen Jahre. Die Zeit, die vor Beginn des Lebens verflossen ist, wollen wir für die Berechnung außer Betracht lassen.

Fassen wir die verschiedenen Ergebnisse zusammen, so erhalten wir, von dem Wert von 30 Millionen Jahren für das Tertiär ausgehend, einen Zeitraum von 285–480 Millionen Jahren, von den Grenzwerten (5,4 und 100 Millionen Jahren) ausgehend 50–1600 Millionen Jahre seit dem Beginn des Kambriums.

Die Erscheinung, die wir schon besprochen haben, zeigt sich jetzt am stärksten: mit jeder weiteren Extrapolation werden die Grenzen weiter, die Zahlen unsicherer. Doch dürfen wir den Wert der gewonnenen Zahlen auch nicht gar zu sehr unterschätzen. Es ist nicht anzunehmen, daß bei all den Vermutungen und Rechnungen immer gerade die niederste oder die höchste Zahl die richtige gewesen sei; in den meisten Fällen wird eine mittlere Zahl das Richtige treffen, und wo die wirklichen Zahlen von der Mitte abweichen, da wird sich wohl nach den Regeln der Wahrscheinlichkeit eine zu niedrige mit einer zu hohen Zahl wieder ausgleichen, so daß zum Schluß die Wahrheit doch ungefähr in der Mitte liegen wird. So können wir mit ziemlicher Sicherheit für das Alter des Kambriums einige Hunderte von Jahrmillionen ansetzen. Wir kennen zwar noch nicht die genaue Größe selber, aber doch die Größenordnung der seit dem Kambrium verflossenen Zeit. Weiter wollen wir aber nicht zurückgehen, denn die Unsicherheiten, die uns im Präkambrium erwarten, sind derartig groß, daß wir die Hoffnung auf ein einigermaßen brauchbares Resultat von vornherein aufgeben müssen. Wir können zunächst nur sagen, daß das Präkambrium ungeheure Zeiträume umfassen muß, denen gegenüber vielleicht die ganze übrige Erdgeschichte auf ein kleines Maß zusammenschrumpft.

Ein gewisses Unbehagen können wir aber trotz allem bei der nunmehr bis zum Ende durchgeführten Methode der Extrapolation nicht los werden. Die einzige ganz sichere Grundlage für die Berechnung sind eben allein die 5000 Jahre, die das Eis zu seinem Zurückweichen von Schonen bis zur Eisscheide brauchte. Von dieser Zahl aus mußten wir nach der einen Seite den nicht unmittelbar gegebenen Anschluß an die Gegenwart finden, nach der anderen Seite hin zurück in die geologische Vergangenheit schließen.

Wie weit haben wir uns von unserer unbedeutenden Berechnungsgrundlage aus zurückgewagt! Es bedeutet eine Grundschwierigkeit der Methode, die mit Vergleichungen und Schätzungen immer weiter zurückgreift, daß die Gefahr der perspektivischen Fehler, wie wir sie nennen wollen, kaum umgangen werden kann: das Nächstliegende übersehen wir verhältnismäßig klar und deutlich, das Fernliegende rückt schon mehr zusammen, und das Fernste, das in Wirklichkeit den weitaus größten Raum einnimmt, gibt uns gar keine Einzelheiten mehr. So sind wir nur zu sehr geneigt, die nächstliegende Vergangenheit wegen der Fülle der aus ihr bekannten Ereignisse zu überschätzen, die fernliegende Vergangenheit wegen der Geringfügigkeit des aus ihr Bekannten zu unterschätzen. Ja, wenn uns die Möglichkeit gegeben wäre, weit draußen in der grauen Ferne geologischer Vergangenheit auch nur einen Punkt fest zu bestimmen und mit absoluter Sicherheit sein Alter anzugeben, dann wären wir über alle Schwierigkeiten der Schätzung und der Extrapolation mit einem Schlage hinaus. Mit der Bestimmung jenes Punktes wäre uns ein fester Rahmen gegeben, in den wir die gesamte geologische Geschichte einspannen könnten.

Und diese Möglichkeit besteht! Das nächste Kapitel soll zeigen, wie uns wunderbare Fortschritte der Physik und Chemie die Mittel dazu in die Hand geben.

IV. Geologische Zeitmessung auf Grund radioaktiver Vorgänge.

Es ist kaum mehr als ein Vierteljahrhundert vergangen, seit im physikalischen Institut der Universität Würzburg eine Entdeckung gemacht wurde, die zu den glücklichsten der ganzen Wissenschaftsgeschichte gehört und die in ihren Folgen für die Entwicklung der Physik und Chemie von der allergrößten Bedeutung werden sollte.

Im Jahr 1895 fand Professor Röntgen, daß von der Wand der Geißlerschen Röhren, mit denen er experimentierte, Strahlen auszugehen schienen, die auch undurchsichtige Körper zu durchdringen vermochten und durch die Wand der photographischen Kassette hindurch die lichtempfindliche Platte beeinflußten. Die Entdeckung dieser merkwürdigen X-Strahlen, wie er sie nannte, erregte das größte Aufsehen. Während den Laien vor allem die geheimnisvollen Möglichkeiten interessierten, mit diesen Strahlen auch undurchsichtige Körper durchdringen zu können, reizte den Gelehrten in erster Linie das wissenschaftliche Problem, und die Wissenschaft aller Länder ging voll Spannung an die neuen Aufgaben heran. Der französische Physiker Becquerel vermutete einen Zusammenhang der Erscheinung mit der Phosphoreszenz des Glases der Geißlerröhre und kam auf den Gedanken, phosphoreszierende Uransalze auf eine lichtempfindliche Platte einwirken zu lassen, mit dem Erfolg, daß auch er eine Schwärzung der Platte erhielt (1896). Der zuerst vermutete Zusammenhang mit der Phosphoreszenz, bei der immer eine Belichtung des Salzes vorausgehen muß, stellte sich bald als unrichtig heraus; es ergab sich vielmehr, daß einfach alle uranhaltigen Salze oder Erze die Eigenschaft hatten, chemisch wirksame Strahlen auszusenden. Nun galt es, an dem neuen Geheimnis der Uran- oder Becquerelstrahlen weiter zu arbeiten, und schon nach zwei Jahren (1898) konnte das Ehepaar Pierre und Marya Curie nach unendlichen Mühen aus einem Uranerz, der Uranpechblende, einen Stoff abscheiden, der die strahlenden Eigenschaften in ungeheuer verstärktem Maße aufwies und der daher von seinen Entdeckern den Namen Radium, das Strahlende, bekam.

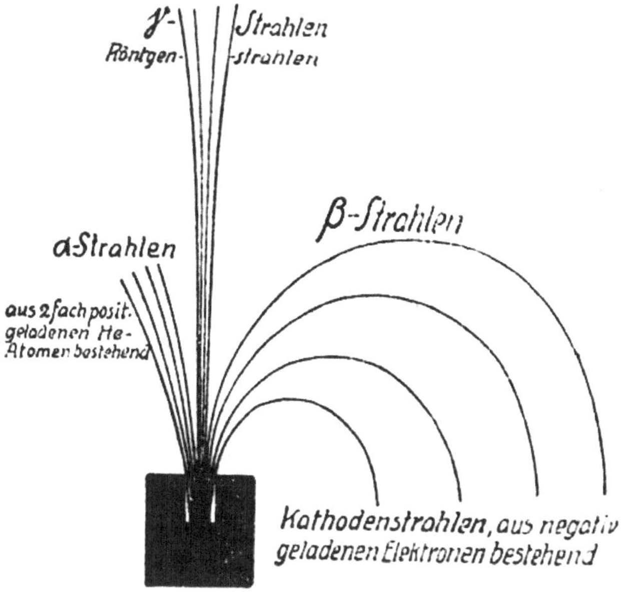

Abb. 17. Strahlung des Radiums.

Jede neue Entdeckung gibt der Wissenschaft wieder neue Rätsel auf, und nicht leicht sind ihr jemals schwierigere Aufgaben gestellt worden als mit diesem neuentdeckten Element Radium. Eine der ersten Beobachtungen war, daß das Radium andauernd ganz bedeutende Energiemengen hervorbringt. 1 g Radium vermag in einer Stunde das 1–1,3fache seines Gewichts an Wasser vom Gefrierpunkt bis zum Siedepunkt zu erhitzen, und das geht so fort, Tag für Tag und Monat für Monat, ohne daß die Erzeugung von Wärme eine merkbare Abnahme erfährt. Diese Erscheinung widersprach in auffallender Weise dem Gesetz der Erhaltung der Energie: Hier schien tatsächlich Energie ohne nachweisbare Ursache von selbst zu entstehen, hier schien wirklich das Perpetuum mobile vorzuliegen, von dem die Physiker doch bewiesen zu haben glaubten, daß es nicht existieren könne. Es zeigte sich bald, daß die Wärmeerzeugung mit den Strahlen zusammenhängt, die das Radium fortwährend aussendet. Wenn man die Radiumstrahlen dem Einfluß eines kräftigen Elektromagneten unterwirft, so findet man, daß es drei Arten von Strahlen sind, die von dem geheimnisvollen Stoff ausgehen. Die nebenstehende Abb. 17 soll diese Erscheinung darstellen. Das Radium sei in einem Bleiblock eingeschlossen, der die Strahlen nur nach einer Richtung austreten läßt; ein Elektromagnet sei so angebracht, daß sein Nordpol vor der Ebene des Papiers zu denken ist, der Südpol hinter ihr. Erzeugt man nun durch Einschalten des Stroms ein elektromagnetisches Feld, so trennen sich die verschiedenen Strahlenarten, die zuerst einheitlich in gleicher Richtung austreten. Nach links werden die sogenannten α-Strahlen abgelenkt; diese Art der Ablenkung beweist für sie eine positive elektrische Ladung. Sie führen wohl den größten Teil der gesamten Strahlungsenergie mit, haben aber die geringste Durchdringungskraft; in der Luft vermögen sie nur 3–7 cm weit vorzudringen. Anders verhalten sich die β-Strahlen, die sehr stark nach rechts abgelenkt werden und dadurch ihre negativ elektrische Ladung erkennen lassen. Gar nicht vom Elektromagneten beeinflußt werden die γ-Strahlen, die auf größere Entfernung hin wirken wie die anderen Strahlenarten und in ihren wesentlichen Eigenschaften durchaus den Röntgenstrahlen entsprechen.

Eine Reihe von hervorragenden Physikern und Chemikern warf sich auf die Erforschung dieser neuen, eine vollständige Umwälzung alter Anschauungen versprechenden Erscheinungen. Es war noch jene Zeit, in der die Wissenschaft international war, und wo deutsche, englische und französische Forscher von Monat zu Monat durch neue Entdeckungen sich gegenseitig weiterhalfen. So zeigte sich bald, daß in jedem Raum, in dem Radium sich befand, nach einiger Zeit auch die Luft und die Wände Strahlen aussandten, daß auch sie „radioaktiv" wurden. Leitete man die aktiv gewordene Luft vom Radium fort, so sank allerdings die Strahlung nach einiger Zeit beträchtlich, um schließlich nach einigen Wochen oder Monaten zu verschwinden. Die Erscheinung wies darauf hin, daß die Aktivität der Luft von einem Gas herrühre, das aus dem Radium entstanden sei. Diese Annahme erwies sich tatsächlich als richtig; es konnte nachgewiesen werden, daß sich aus dem Radium ein Gas, die Radium-Emanation bildet, das seinerseits wieder radioaktive Eigenschaften aufweist, dessen Strahlung aber schon in wenigen Tagen ganz beträchtlich in ihrer Wirksamkeit sinkt. Das rührt daher, daß die Radium-Emanation verschwindet und an ihrer Stelle ein anderer fester Stoff, das Radium A, entsteht. Aber auch dieser Stoff bleibt nicht bestehen; nacheinander bilden sich noch eine ganze Reihe von Stoffen, bis die Entwicklung in einem Stoff Radium G ihr Ende findet. Die Vorgänge können nur so verstanden werden, daß sich jeder Stoff unter ganz bestimmten Strahlungserscheinungen in den nächsten umwandelt; die ganze Umwandlungsreihe, die sich so ergibt, wird durch Abb. 18 dargestellt. Dabei stellte sich weiterhin heraus, daß bei diesen Umwandlungen auch Helium entsteht, ein Gas, das vor seiner Entdeckung auf der Erde schon durch seine Linien im Sonnenspektrum bekannt war und daher seinen Namen erhalten hat.

Wie sollten nun alle diese rätselhaften Erscheinungen gedeutet werden?

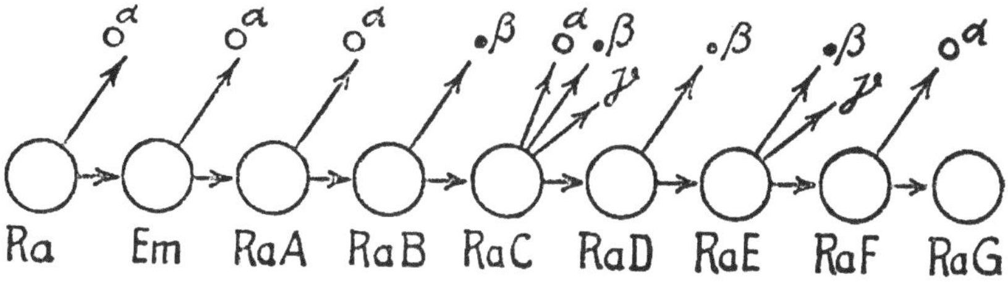

Abb. 18. Zerfallsreihe des Radiums.

Die Erklärung geschah durch die Theorie vom Zerfall der radioaktiven Elemente, die 1902 von Rutherford und Soddy begründet wurde und die sich seither in jeder Beziehung bewährt hat. Sie hängt eng zusammen mit der Atomtheorie, die in den beiden letzten Jahrzehnten zu einem vollständig gesicherten Besitz der Wissenschaft geworden ist. Wir haben in den Atomen unendlich kleine Bausteine der Materie vor uns; der Forscher vermag sie genau zu zählen und ihre Größe zu bestimmen; ihr verschiedenartiger Aufbau bedingt das Wesen und die Eigenschaften der uns bekannten chemischen Grundstoffe oder Elemente. Nun lehrt die Zerfallstheorie, daß in den Atomen der radioaktiven Elemente gewaltige Spannungen bestehen, die zu einem explosionsartigen, von rätselhaften Strahlungserscheinungen begleiteten Zerfall führen können. Damit ist auch erklärt, woher die andauernde Energieabgabe des Radiums stammt: Ein Atom müssen wir uns mit geradezu gewaltigen Energiemengen geladen denken; beim Zerfall des Atoms wird, ähnlich wie bei der Explosion eines Sprengstoffs, ein Teil dieser Energie frei.

Die Untersuchung der Atomgewichte ergab weiterhin, daß es sich um ein richtiges Auseinanderfallen der Atome in verschiedene Bruchstücke handelt. Für das Radium (Abkürzung Ra) wurde ein Atomgewicht von 226 bestimmt; das heißt, das Radiumatom ist 226 mal so schwer wie das leichteste bekannte Atom, das Wasserstoffatom. Radium-Emanation hat ein Atomgewicht von 222, Radium A von 218, Radium B und C von 214, Radium D, E und F (Polonium) von 210 und Radium G von 206. Die Atome verlieren also bei ihrem Zerfall Teile ihrer Masse, und es zeigt sich, daß regelmäßig die α-Strahlung eines Radioelements eine Verminderung des Atomgewichts um 4 hervorbringt; das Atomgewicht des neu entstandenen Stoffes ist um 4 geringer wie desjenigen, der die α-Strahlen aussandte. Der Zusammenhang gab sich durch die Entdeckung, daß die α-Strahlen nichts anderes sind als positiv elektrisch geladene Heliumatome. Helium besitzt das Atomgewicht 4; das Sinken der Atomgewichte in der Zerfallsreihe erklärt sich also daraus, daß beim Atomzerfall Heliumatome explosiv fortgeschleudert werden.

Die Umwandlung chemischer Grundstoffe ineinander war damit zur wissenschaftlichen Tatsache geworden. Das Radium wandelt sich über verschiedene Zwischenstufen hinweg unter Abspaltung von Heliumatomen in das Endprodukt Radium G um. Das bedeutete für die gesamte Chemie eine ungeheure Umwälzung; es war damit bewiesen, daß die chemischen Elemente nicht unter allen Umständen unveränderlich sind, sondern daß sie sich zum Teil in andere umwandeln können. Der Traum der Alchimisten des Mittelalters, welche die chemischen Grundstoffe ineinander verwandeln wollten, war damit in gewissem Sinne zur Wirklichkeit geworden.

Nach diesen ersten grundlegenden Entdeckungen galt es nun, den Zerfall bei den einzelnen Radioelementen in seinem zeitlichen Verlauf genau zu untersuchen. Schon bald hatte es sich nämlich gezeigt, daß sich die verschiedenen Stoffe mit ganz verschiedener Geschwindigkeit umwandeln. Das Grundgesetz, nach dem der Zerfall vor sich geht, ist jedoch bei allen Umwandlungen gleich; die Abb. 19 soll es zunächst für die Radium-Emanation veranschaulichen.

Sind zu einem gewissen Zeitpunkt eine bestimmte Anzahl (n) Atome Radium-Emanation vorhanden, so existieren nach einer gewissen Zeit (t = 3,85 Tage) nur noch die Hälfte der Atome (n2), nach der doppelten Zeit (2 t = 7,70 Tage) nur noch die Hälfte von diesem, also n4 Atome, nach der dreifachen Zeit (3 t) nur noch n8 Atome. Im Verlauf der Zeit von 3,85 Tagen, der „Halbwertszeit“, sinkt die Zahl der Atome regelmäßig durch Zerfall auf die Hälfte; sie wird infolgedessen immer geringer werden, das gänzliche Verschwinden tritt aber erst nach ungeheuer langer Zeit ein.[6]

[6] Würde der Zerfall der Emanation gleichmäßig mit derselben Zahl von Atomen weitergehen, wie er zu Beginn der Untersuchung einsetzt, so wäre schon nach 5,54 Tagen nichts mehr vorhanden. Diese Zahl nennt man die „mittlere Lebensdauer“ der Radium-Emanation; sie steht in einem genau berechenbaren mathematischen Verhältnis zur Halbwertszeit und ist das 1,44fache von dieser. In der bildlichen Darstellung der Zerfallskurve muß dieser gleichbleibende Zerfall durch die Berührungsgerade (Tangente) dargestellt werden, die im Beginn der Kurve an sie gelegt wird; sie trifft die Gerade im Punkt 1,44 t. Während die Kurve des tatsächlichen Zerfalls in ihrem Gefälle ständig abnimmt und sich der Geraden immer mehr anschmiegt, ohne sie ganz zu erreichen, behält die Tangente ihr Gefälle, welches im Beginn zugleich dasjenige der Zerfallskurve ist, gleichmäßig bei; sie ist daher schon nach der Zeit 1,44 t auf Null angelangt.

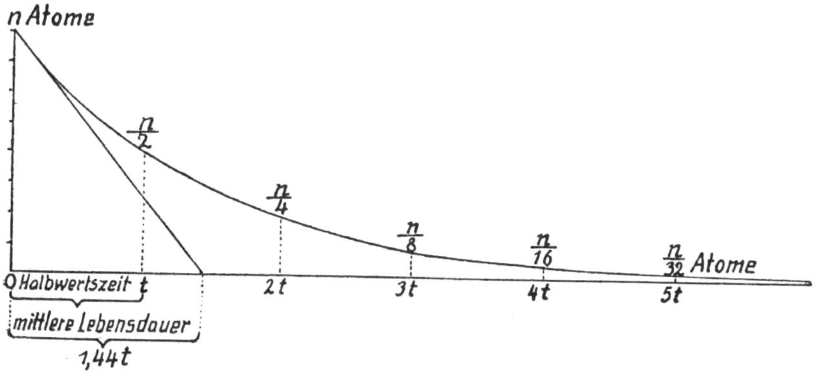

Abb. 19. Zerfallskurve radioaktiver Elemente.

Merkwürdig und bezeichnend ist nun, daß jedes Element seine besondere Zerfallsgeschwindigkeit besitzt. Während die Radium-Emanation nach 3,85 Tagen zur Hälfte zerfallen ist, tritt dieser Fall beim Radium selbst nach 1600 Jahren ein, beim Radium A dagegen schon nach 3 Minuten. Wenn der Wert für t in Abb. 20 für jedes strahlende Element von anderer Größe gedacht wird, so vermag also die Kurve den Zerfall von jedem dieser Elemente zu veranschaulichen.

Wir wollen versuchen, das Wesen des Zerfallgesetzes, das im Grunde genommen ein Wahrscheinlichkeitsgesetz ist, durch einen Vergleich noch anschaulicher zu machen: Ein Regiment zieht ins Feld und verliert hier in jedem Monat die Hälfte seiner Mannschaften, ohne zunächst wieder aufgefüllt zu werden. Es wird dann nach einem Monat noch die Hälfte, nach 2 Monaten noch ¼, nach 3 Monaten noch ⅛, nach 6 Monaten noch 1/64 der ursprünglich ins Feld gerückten Mannschaft vorhanden sein. Die Wahrscheinlichkeit, daß Soldaten durch Tod, Krankheit oder Gefangennahme ausscheiden, ist bei diesem Regiment so groß, daß jeden Monat die Hälfte der Mannschaften davon getroffen wird, die „Halbwertszeit" des Regiments wäre ein Monat. Ein anderes Regiment, das an weniger gefährdeter Stelle steht, verliert erst in 3 Monaten die Hälfte seiner Leute; es hat also nach 6 Monaten noch ¼, nach einem Jahr noch 1/16 der ursprünglichen Mannschaft. Seine Halbwertszeit ist drei Monate; sie ist größer als die des ersten Regiments, weil die Wahrscheinlichkeit des Ausscheidens seiner Soldaten geringer ist. Der Vergleich mit dem Zerfall der verschiedenen Radioelemente ergibt sich ohne weiteres. Die Atome des einen Elements sind in ihrem inneren Bau noch verhältnismäßig beständig, so daß es viele Jahre oder gar Jahrtausende dauert, bis die Hälfte der Atome zerfallen ist; bei andern führen die Spannungen im inneren Bau so häufig zu Explosionen, daß schon nach wenigen Tagen die Hälfte verschwunden ist.

Beim Radium A sind die Atome schließlich so unsicher gebaut, daß dieser Fall schon nach 3 Minuten eintritt; kaum sind sie aus der vorhergehenden Stufe entstanden, so wandeln sie sich schon in die nächste um.

Die Wissenschaft hat eine Reihe von Verfahren ausgearbeitet, um die Zerfallzeit eines Radiumelements zu messen. Am einfachsten ist die Aufgabe bei einem Element mittlerer Zerfallsdauer wie der Radium-Emanation zu lösen. Mit feinen Elektrometern wird das Maß der Strahlung in bestimmten Zwischenräumen untersucht und genau bestimmt, wann es auf die Hälfte, ein Viertel, ein Achtel des ursprünglichen Werts gesunken ist. Bei Elementen mit längerer Lebensdauer wie dem Radium selbst wird die Menge des in einer bestimmten Zeit von ihm erzeugten neuen Stoffs gemessen und daraus berechnet, wann es sich bei gleich bleibendem Zerfall erschöpfen würde. Unter Umständen kann bei ganz geringen Mengen strahlender Substanz, deren Menge und damit deren Atomzahl bekannt ist, unmittelbar die Zahl der abgeschleuderten α-Teilchen einzeln gezählt werden; die Wissenschaft ist mit der Verfeinerung ihrer Apparate bereits so weit vorgeschritten, daß sie die Wirkung eines einzigen Atoms nachweisen kann.

Es ist also daran festzuhalten, daß die Zerfallserscheinungen von einer Unbeständigkeit im inneren Bau des Atoms herrühren, daß die Gefahr des Zerspringens für verschiedene Radiumelemente zwar verschieden, für ein- und dasselbe immer gleich ist. Die Zerfallsgeschwindigkeit eines Radioelements, ausgedrückt in den Begriffen „Halbwertszeit“ und „mittlere Lebensdauer“, bedeutet eine seiner bezeichnendsten Eigenschaften. Der Zerfall geht mit einer solchen inneren Notwendigkeit vor sich, daß seine Geschwindigkeit durch keinerlei äußere Einwirkungen auch nur im geringsten verändert werden kann. Man hat strahlende Substanzen einem Druck von 24400 Atmosphären ausgesetzt, den Einfluß von Temperaturen von −240° bis zu 2500° untersucht, die stärksten elektrischen und magnetischen Felder auf sie wirken lassen, ohne daß sich die Zerfallsgeschwindigkeit auch nur im mindesten verringert oder vermehrt hätte. Das bedeutet ganz andere Verhältnisse wie beim Zerfall von chemischen Verbindungen, bei dem der Einfluß der Druck- und Temperaturverhältnisse eine außerordentlich große Rolle spielt. Während es sich hier darum handelt, daß verschiedene Atome ihre gegenseitige Verbindung lösen, liegt beim radioaktiven Zerfall die Ursache tiefer, sie ruht im Bau der Atome selber.

Wir haben bis jetzt bei der Untersuchung der merkwürdigen Strahlungs- und Umwandlungserscheinungen nur das Radium und seine Folgeprodukte ins Auge gefaßt; da es aber, wie sich schon bei seiner Entdeckung zeigte, immer nur in gesetzmäßiger Verbindung mit Uran in der Natur vorkommt, so drängt sich ganz von selber die Frage auf, ob nicht auch ein ursächlicher Zusammenhang zwischen Uran und Radium besteht. Das ist tatsächlich der

Fall. Es kann nachgewiesen werden, daß das Radium auf dem Weg über einige Zwischenstufen aus dem Uran entsteht. Von diesem stammen also alle genannten Elemente ab, sie bilden zusammen eine Zerfallsreihe, die Uranreihe. Vom Chemiker Ostwald stammt das witzige Wortspiel: „Der Urahn dieser Elemente ist das Uran.“ Uran hat mit 238 das höchste bekannte Atomgewicht. Sein Zerfall geht ganz außerordentlich langsam vor sich; die Halbwertszeit des Urans beträgt 5000 Millionen Jahre. Über mehrere Zwischenstufen hinweg, die auch zum Teil sehr hohe Halbwertszeiten haben, führt der Zerfall mit dreimaliger α-Strahlung, also dreimaligem Verlust von Heliumatomen zum Radium mit der Halbwertszeit von 1600 Jahren und von diesem aus in der bekannten Weise weiter. Die folgende Tabelle gibt eine Zusammenstellung der Glieder der Uran-Radiumreihe und ihrer wichtigsten Eigenschaften.

Name des Elements	chemisches Symbol	Atomgewicht	Strahlung	Halbwertszeit
Uran I	U	238,2	α	$5000 \cdot 10^6$ Jahre
Uran X_1	UX_1	234	β γ	24 Tage
Uran X_2	UX_2	234	β γ	1,15 Minuten
Uran II	U II	234	α	$2 \cdot 10^6$ Jahre
Jonium	Jo	230	α	100000 Jahre
Radium	Ra	225,97	α	1600 Jahre
Radium-Emanat.	Ra Em	222	α	3,85 Tage
Radium A	Ra A	218	α	3 Minuten
Radium B	Ra B	214	β	26,8 Minuten
Radium C	Ra C	214	α β	19,5 Minuten
Radium D	Ra D	210	β	16 Jahre
Radium E	Ra E	210	β	5 Tage
Radium F (Polonium)	Ra F	210	α	136 Tage

Radium G (Radiumblei, Uranblei)	Ra G	206	—	—

Neben dieser Reihe radioaktiver Elemente, die sich vom Uran herleiten, gibt es noch eine zweite Reihe, die von dem Element Thorium (Atomgewicht 232,15) ausgeht. Mit verschiedenen Zwischenstufen führt der Zerfall in ähnlicher Weise wie bei der Uranreihe zu einem Endprodukt, das als Thorium D (Atomgewicht 208,0) bezeichnet wird.

Eine überaus wichtige Tatsache haben wir bis jetzt noch übergangen; es ist nötig, sie jetzt näher ins Auge zu fassen. Für das Radium G, das als Endprodukt der Uranreihe auftritt, ergab sich durch genaue Untersuchung, daß es in allen physikalischen und chemischen Eigenschaften vollständig mit einem schon längst bekannten Element übereinstimmte, nämlich mit dem Blei. Nur in einer Eigenschaft zeigte sich ein Unterschied, es besaß ein anderes Atomgewicht. Moderne Methoden der Atomgewichtsbestimmung erlauben es, diese Zahl auf das allergenaueste festzustellen. Für das gewöhnliche Blei erhielt man ein Atomgewicht von 207,2, für Radium G (Uranblei, Radiumblei) ein solches von 206,0. Diese letztere Zahl paßte sehr gut zu den übrigen Tatsachen des radioaktiven Zerfalls; vom Radium (Atomgewicht 226) führt dieser mit einer fünffachen Abspaltung von α-Teilchen, deren jedes ein Heliumatom vom Atomgewicht 4 bedeutet, zum Endprodukt Radium G, das also nach theoretischer Voraussage ein Atomgewicht von $226 - 5 \times 4 = 206$ haben muß. Theoretisch berechnetes und experimentell bestimmtes Atomgewicht stimmten also sehr befriedigend überein. Wie nun weiterhin das Thorium D genauer untersucht wurde, da zeigte sich, daß auch dieser Stoff in jeder Beziehung die Eigenschaften des Bleis besaß, nur daß auch sein Atomgewicht von dem des Bleis abwich; für Thorium D ergab sich ein solches von 208, also ein höheres als dasjenige des normalen Bleis. Nun kannte man also drei verschiedene Bleiarten, die im wesentlichen nur durch ihre Atomgewichte voneinander zu unterscheiden waren, eine rätselhafte Sache, die großes Kopfzerbrechen hervorrufen mußte. Auf Ungenauigkeiten der Bestimmungen konnte der merkwürdige Widerspruch nicht zurückgeführt werden, denn die Methoden der Atomgewichtsbestimmung sind zu solcher Vollkommenheit geführt worden, daß auch noch die zweite Dezimale der Zahl mit ziemlicher Sicherheit angegeben werden kann. In den letzten Jahren hat sich aber die Tatsache des Vorkommens mehrerer Bleiarten mit verschiedenem Atomgewicht in allgemeine Zusammenhänge eingefügt. Es wurde nachgewiesen, daß eine Reihe von chemischen Elementen aus zwei oder mehr Stoffen besteht, die verschiedenes, dabei ganzzahliges Atomgewicht aufweisen, sich im übrigen aber kaum voneinander unterscheiden lassen. Die moderne Atomtheorie, die sich in ungeahnter Weise entwickelt hat, hat diese Erscheinung auch zu erklären vermocht. Kommende Generationen werden das verflossene Vierteljahrhundert ohne Zweifel als eines der denkwürdigsten Entdeckungszeitalter in der Wissenschaftsgeschichte verzeichnen. Die Atome, die vor 25 Jahren einer strengen Wissenschaft noch als vollkommen hypothetisch gelten mußten, haben sich als greifbare Wesenheiten entpuppt, die der Forscher zählt und wägt und die ihm wundersame Geheimnisse ihres Baus enthüllt haben. Im folgenden können nur einige Ergebnisse dieser Forschungen angegeben werden, ohne daß eine nähere Begründung möglich wäre.

Ein Atom ist nach modernen Anschauungen ein Planetensystem im Kleinen, aufgebaut aus einem Kern mit positiv elektrischer Ladung und einer Anzahl kleinster negativer Elektrizitätsteilchen (Elektronen), die in kreis- und ellipsenförmigen Bahnen um diesen Kern kreisen. Eine merkwürdige und unausdenkbare Vorstellung: Das, was wir Materie heißen, löst sich auf in positive und negative Elektrizität und ihre Bewegung! Die chemischen Eigenschaften eines Elements hängen ab von der Ladung des Kerns und der Zahl der ihn umkreisenden Elektronen, sein Atomgewicht von der Zahl der positiven Elektrizitätsteilchen im Kern. Das ist nämlich aus folgenden Gründen nicht dasselbe: Im Kern stecken positive und negative Elektrizitätsteilchen in verschiedener Anzahl; die positiven überwiegen, der Unterschied ergibt die Größe der positiven Ladung. Wenn nun aus einem Kern gleichzeitig ein positives und ein negatives Teilchen austritt, so bleibt die Ladung gleich, die Masse, das Gewicht, wird jedoch vermindert. Zwei solche Arten von Atomen werden sich chemisch vollständig gleich verhalten, weil die Ladung des Kerns und die Zahl der ihn umkreisenden Elektronen gleich ist, sie werden aber verschiedenes Atomgewicht aufweisen. Derartige Stoffe nennt die Chemie isotope Elemente,[7] weil ihnen im periodischen System der Elemente derselbe Platz zugewiesen werden muß. Es hat sich ergeben, daß eine Reihe von Elementen nichts anderes darstellt als ein Gemenge verschiedener isotoper Bestandteile. So ist z. B. das Gas Neon mit dem Atomgewicht 20,2 ein Gemenge zweier isotoper Elemente vom Atomgewicht 20 und 22, von denen das erste 90%, das zweite 10% des Gemenges bildet. Durch diese im Feinbau der Materie begründete Isotopie wird nun auch für das Rätsel der verschiedenen Atomgewichtszahlen von Uranblei, gewöhnlichem Blei und Thoriumblei eine Erklärung gegeben: Alle drei Bleiarten haben die gleiche Kernladung und die gleiche Zahl von kreisenden Elektronen, jedoch verschiedene Masse. Dabei sind Uranblei (Ra G) und Thoriumblei (Th D) zwei einheitliche Stoffe mit verschiedenem Atomgewicht, während das gewöhnliche Blei wahrscheinlich ein Gemenge gleichbleibender Zusammensetzung aus diesen zwei isotopen Bleisorten darstellt.

[7] Von griechisch: *isos* = gleich, *topos* = Lage.

Nachdem wir alles dies vorausgenommen haben, vermögen wir den ganzen Zerfallsvorgang in seinem zeitlichen Verlauf einheitlich zu verstehen und zu erklären. Haben wir ein frisch hergestelltes, reines Radiumpräparat vor uns, das frei von allen Beimengungen ist, so finden wir, daß die Stärke seiner Strahlung von Tag zu Tag zunimmt, um schließlich einen gleichbleibenden Wert zu erreichen. Das hängt folgendermaßen zusammen: Das Radium erzeugt zunächst Emanation, diese zerfällt ihrerseits wieder und erzeugt die weiteren Elemente der Zerfallsreihe bis hinab zum Radium G. Das Präparat ist also nach einiger Zeit zu einem Gemenge aller Zerfallsprodukte geworden. Da zur Strahlung des Radiums allmählich die Strahlen aller seiner Zerfallsprodukte hinzukommen, so nimmt die Gesamtstrahlung immer mehr zu; die α-Strahlung steigt zum Schluß bis auf den fünffachen Betrag. Wenn sie diesen Betrag erreicht hat, so ist das sogenannte „radioaktive Gleichgewicht" eingetreten, das darin besteht, daß von der höheren Stufe so viel Atome der nächst niedrigen gebildet werden, wie von dieser wieder durch Zerfall verschwinden. Es kann daher von den schnell zerfallenden Stoffen jeweils immer nur eine geringe Menge vorhanden sein, von den langsamer zerfallenden Stoffen kann sich mehr halten, und wenn wir die Sache mathematisch durchdenken, so kommen wir zu dem Resultat, daß die Atomzahlen der verschiedenen Zerfallsprodukte (mit Ausnahme des Endprodukts) schließlich im Verhältnis der Zerfallsgeschwindigkeiten (der Halbwertszeiten) stehen müssen. Das hat sich tatsächlich als richtig ergeben, und ganz dasselbe ließ sich auch für das Uran feststellen. Ursprünglich chemisch reines Uran wird mit der Zeit alle seine Zerfallsprodukte einschließen müssen. Da jedoch der Zerfall verschiedener Zwischenprodukte sehr langsam vor sich geht, so wird der Gleichgewichtszustand erst nach ungeheuer langer Zeit eintreten. Es werden dann alle Zerfallsprodukte bis hinab zum Radium G innerhalb des Urans oder eines in der Natur vorkommenden Uranminerals im Verhältnis der Zerfallszeiten enthalten sein. Nehmen wir an, es sei so viel Uran vorhanden, daß in der Sekunde 1000 seiner Atome zerfallen, so muß nach dem Eintritt des Gleichgewichts von jedem der Zwischenprodukte so viel vorhanden sein, daß von ihm nach seiner eigenen Zerfallsgeschwindigkeit in der Sekunde gleichfalls 1000 Atome zerfallen. Wäre von einem Zwischenprodukt so viel anwesend, daß mehr als 1000 Atome in der Sekunde zerspringen würden, so würde der Zerfall seine Menge verringern, und es könnte sich auf die Dauer nur so viel von dem Stoff halten, daß die Zahl der von der höheren Stufe hinzukommenden Atome der Zahl der zerfallenden entspricht. Da das Radium rund 3100000mal so rasch zerfällt wie das Uran, so braucht von ihm zur sekundlichen Erzeugung von 1000 Atomexplosionen nur der 3100000ste Teil der Zahl der Uranatome vorhanden zu sein. Ein Mehr würde sich selbst aufzehren, ein Weniger würde sich durch stärkeren Zuwachs vom Uran her aufstauen. Tatsächlich hat man in sämtlichen Uranerzen und Uranmineralien der ganzen Welt immer und überall einen genau gleichbleibenden Gehalt an Radium gefunden: 0,0003 mg auf 1 g Uran.

Was aber in jeder Sekunde gleichmäßig zunimmt, weil von ihm aus nichts weiter abfließt, das ist das Endprodukt Radium G, das Uranblei. Sekunde für Sekunde strömen ihm über alle Zwischenstufen weg ebenso viele Atome zu, wie oben beim Uran zerfallen. In einem Uranmineral reichert sich auf diese Weise immer mehr das Endprodukt an; je älter es ist, um so mehr Uranblei muß es enthalten. In dem Bleigehalt eines Uranminerals ist somit ein Maß für sein Alter gegeben. Das ist das außerordentlich wichtige Ergebnis, zu dem uns die bisherigen Überlegungen geführt haben. Uran ist allerdings nicht das einzige Endprodukt des Zerfalls. Wir dürfen nicht vergessen, daß die bei den verschiedenen Strahlungen abgeschleuderten α-Teilchen nichts anderes als elektrisch geladene Heliumatome sind, die ihre Ladung abgeben und sich dann nicht weiter verändern. Bei den äußeren Partien des Erzes wird wohl das gasförmige Helium zum Teil nach außen entweichen können, in der Hauptsache werden aber die Heliumatome in dem festen Erz zwischen den andern Atomen eingeschlossen bleiben.

Mit diesen Tatsachen der Bildung von Blei und Helium in Uranmineralien ist die Grundlage einer geologischen Zeitmessung gewonnen, die hauptsächlich von englischen und amerikanischen Forschern (Boltwood, Strutt, Holmes) begründet wurde und deren Prinzip uns durch ein Bild noch klarer werden soll (Abb. 20). Wir denken uns einen großen mit Wasser gefüllten Behälter, aus dem in der Zeiteinheit eine bestimmte Menge ausfließt. Das Wasser fließt über eine Anzahl verschieden großer Schalen weg. Jede Schale ist gefüllt, aber jede, ob klein oder groß, spendet der nächsten dieselbe Wassermenge; soviel oben ausfließt, fließt unten einem Sammelbecken zu, dessen Wassermenge sich dadurch ständig vermehrt. Je kleiner eine der Zwischenschalen ist, um so weniger Zeit braucht das Wasser, um sie zu durchlaufen. Umgekehrt gefaßt: wenn bekannt ist, daß eine dieser Schalen in ganz kurzer Zeit ohne Zufluß entleert würde, so kann daraus geschlossen werden, daß sie sehr klein sein muß. Größe und Entleerungszeit der Schalen stehen also in gesetzmäßigem Verhältnis zueinander.

Der Vergleich springt ohne weiteres in die Augen. Der oberste Behälter soll das Uran bedeuten, die verschiedenen Zwischenschalen die mittleren Stufen des Zerfalls, von denen jede ebensoviel Atome zu gleicher Zeit empfängt wie sie weiter gibt. Schließlich bedeutet der Inhalt des letzten Behälters das Endprodukt Uranblei, das sich in seiner Menge ständig vermehrt. Die Heliumatome springen bei jedem Sturz in die nächst tiefere Schale gesondert für sich ab. Das Verhältnis von Größe und Entleerungszeit einer Schale entspricht dem Verhältnis von prozentualer Menge und Zerfallszeit der radioaktiven Zwischenprodukte. Je länger der Vorgang sich abspielt, um so mehr sammelt sich unten an. An der Menge des entstandenen Uranbleis messe ich die verflossene Zeit wie in meinem künstlichen Wasserwerk an der durchgelaufenen Wassermenge.

In einem Punkt vermag sich unser Modell allerdings nicht ganz der Wirklichkeit anzupassen. Von dem Ausgangsmaterial Uran zerfallen allmählich nach dem uns bekannten Gesetz in der Zeiteinheit immer weniger Atome. Wenn die Ausgangsmenge des Urans geringer wird, so muß sich auch allmählich die Zahl der zerfallenden Atome und die Menge der Zwischenprodukte verringern. In unserm Modell müßte sich das in der Weise geltend machen, daß mit der Abnahme der Wassermenge im obersten Behälter auch der Strahl schwächer werden, und entsprechend die Größe der Zwischenschalen sich verringern sollte. Das letzte Sammelbecken bliebe jedoch unverändert. Doch müssen wir uns klar machen, daß die Abnahme des Urans so unendlich langsam vor sich geht, daß der Zerfall für die ersten 500 Millionen Jahre ohne großen Fehler als gleichmäßig angenommen werden kann.

Das Modell, das wir uns ausgedacht haben, ergab das Bild eines reichen und kunstvollen Wasserwerks, aus dem aber das Prinzip doch klar herausleuchtet. Daß die Berechnung, die wir auf diese Weise ausführen, das denkbar schönste Beispiel für eine Zeitmessung nach dem Prinzip der Wasseruhr ist, das ist ja schon längst klar geworden. Eines steht jedoch noch aus: die mathematische Berechnung des Gangs der geologisch-mineralogischen Uranuhr. Es ist nur nötig, in einem Uranmineral die Menge des Urans und des durch den Zerfall gebildeten Uranbleis zu bestimmen, um die seit seiner Bildung verstrichene Zeit berechnen zu können.[8] Die Grundlagen hierzu sind folgende: 1 g Uran bildet in einem Jahr 17900000000 g Radioblei. Diese Zahl folgt aus der mittleren Lebensdauer des Uran, die durch genaue Einzeluntersuchungen bestimmt wurde. 100g Uran bilden also jährlich 179000000 g Radioblei, d. h. es sind 79000000 Jahre nötig, bis 100 g Uran 1 g oder 1% Uranblei gebildet haben. Das Alter eines Uranminerals wird also gefunden, indem die Zahl von 79000000 Jahren mit dem auf die erzeugende Uranmenge[9] bezogenen Prozentgehalt an Blei multipliziert wird.

[8] Die nachstehende Berechnung ist nur angenähert richtig; die exakte Berechnung würde höhere Mathematik erfordern.

[9] Die „erzeugende“ Uranmenge wird als Durchschnitt zwischen der ursprünglich und zum Schluß vorhandenen Uranmenge berechnet.

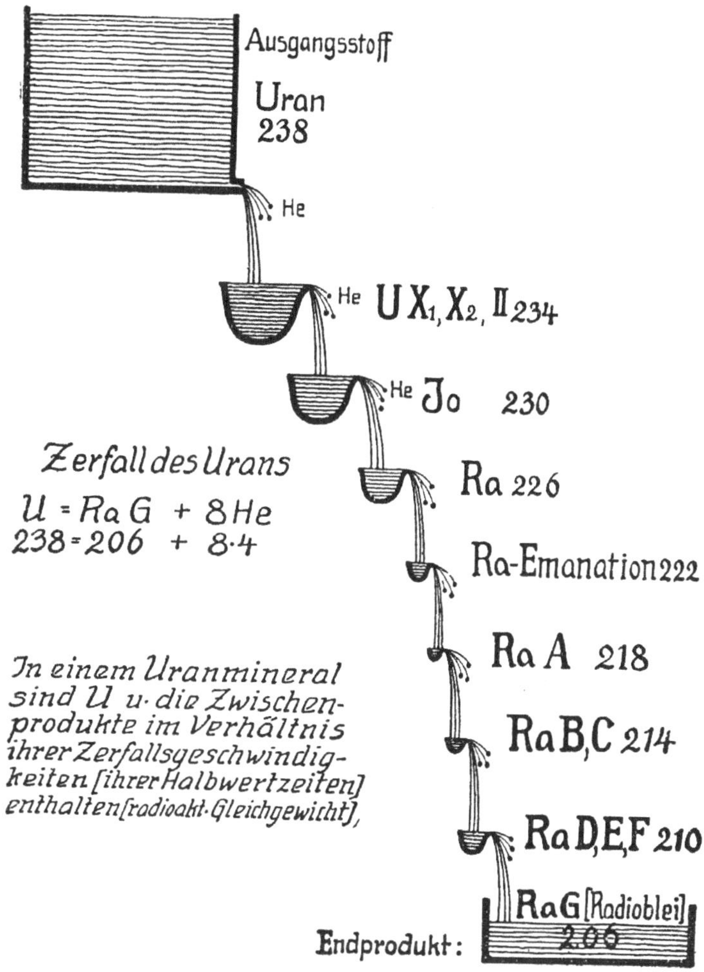

Abb. 20. Die Uranuhr.

Die Zwischenprodukte mit gleichem Atomgewicht wurden der Vereinfachung halber zusammengefaßt. Die Größe der Zwischenschalen mußte, um sie überhaupt darstellen zu können, stark übertrieben werden.

Auf ganz ähnliche Weise kann aus der gebildeten Menge Helium das Alter des Minerals berechnet werden. Es stehen dem Forscher also zwei Wege zur Altersbestimmung zur Verfügung: die Blei- und die Heliummethode.[10]

[10] Auf vollständig dieselbe Weise kann aus den Tatsachen des Zerfalls in der Thoriumreihe das Alter eines Thoriumminerals durch Bestimmung seines Gehalts an Thorium und Thoriumblei (Th D) oder Helium berechnet werden.

Die wissenschaftlichen Grundlagen der Altersbestimmung radioaktiver Mineralien haben wir damit kennen gelernt. Es ist jedoch noch nötig, die Möglichkeiten ihrer praktischen Anwendung zu überlegen. Wir können mit der neuen Methode nur das Alter von Uran- und Thoriummineralien bestimmen. Die bekannten Uranmineralien kommen in der Hauptsache in ehemals feuerflüssigen Gesteinen vor. Als ein solches Gestein einst als glutflüssiger Brei aus dem Erdinnern hervorbrach, enthielt es noch keine einzelnen Mineralien; alle Stoffe waren vielmehr gleichmäßig verteilt in dem Gesteinsbrei enthalten. Als das Gestein dann allmählich erkaltete, da fingen die verschiedenen Stoffe an, sich zusammenzufinden und auszukristallisieren. Die uranhaltigen Mineralien gehörten zu den ersten, die sich aus dem Gesteinsbrei ausschieden. Besonders schöne und große derartige Mineralien findet man auch in den sogenannten pegmatitischen Gängen, deren Stoffe sich der Geologe durch glühende, aus einem feuerflüssigen Herd entbundene Gase in Spalten des bereits erkaltenden Gesteins hergetragen denkt.

Es kann als so gut wie sicher angenommen werden, daß das Uran bei der Ausscheidung aus dem feuerflüssigen Gesteinsbrei in chemisch reiner Form, also ohne Zerfallsprodukte, in den Aufbau des Minerals eingetreten ist. Die Anforderungen, die der Forscher an die auf ihr Alter zu untersuchenden Uranmineralien stellen muß, sind außerordentlich hohe: Für die Untersuchungen sollten möglichst große und reine Stücke genommen werden, die dabei vollständig frisch und unverändert sein müssen. Es könnte sonst sein, daß durch zerstörende oder umwandelnde Einflüsse der eine oder andere wichtige Stoff fortgeführt worden wäre, so daß ein irreführendes Ergebnis die Folge sein müßte. Haben sich nun Mineralien gefunden, die allen Anforderungen entsprechen, so wird nach den Regeln der chemischen Scheidekunst der Gehalt des Minerals an Uran und an Blei bestimmt; daraus kann das Verhältnis der beiden Elemente berechnet werden, und aus dem Gehalt an Blei in Prozenten der vorhandenen Uranmenge folgt ohne weiteres das Alter des Minerals, dessen Entstehung mit dem Ausbruch des vulkanischen Gesteins, in dem es enthalten ist, nahe übereinstimmt. Damit ist die Untersuchung aber noch nicht zu Ende. Es muß festgestellt werden, ob das in dem Mineral enthaltene Blei tatsächlich reines Uranblei ist. Es könnte ja sein, daß schon bei der Entstehung des Minerals auch gewöhnliches Blei sich am Aufbau beteiligt hätte, oder daß das Uranmineral noch Thorium enthalten würde; in diesem Fall wäre in dem erhaltenen Blei auch das Endprodukt der Thoriumreihe, Thoriumblei, enthalten. Hierüber kann nur eine Atomgewichtsbestimmung von höchster Genauigkeit Aufschluß geben. Stellt sich durch sie heraus, daß das Atomgewicht des erhaltenen Bleis 206 beträgt, so hat damit der Forscher den unwiderleglichen Beweis, daß reines Uranblei vorliegt. Wir sehen hieraus, daß die Unterscheidung der verschiedenen isotopen Bleiarten von außerordentlich großer praktischer Bedeutung für die ganze Methode ist. Ohne diese Möglichkeit käme man niemals über die Unsicherheit hinweg, ob nicht am Ende eine Verunreinigung des Uranminerals durch gewöhnliches Blei oder Thoriumblei das Ergebnis verfälscht habe.

Eine solche Gefahr besteht zwar bei der Heliummethode nicht, dafür tritt aber bei ihr eine andere Schwierigkeit auf. Es ist für sie ganz besonders wichtig, möglichst frische Mineralien zur Untersuchung zu bekommen, weil das gasförmige Helium wohl zunächst im Innern des Kristalls festgehalten wird, bei der Verwitterung aber rasch entweicht. Das Mineral wird bei der Untersuchung aufgelöst; dabei muß das gasförmige Helium aufgefangen und seine Menge ganz genau bestimmt werden. Es ist nun ohne weiteres verständlich, daß bei diesen Vorgängen ein großer Teil des Heliums verloren gehen kann, daß also für gewöhnlich die Menge des gefundenen Heliums viel zu gering ist und die daraus errechneten Alterszahlen zu niedrig ausfallen müssen.

Ehe wir die Ergebnisse solcher Altersbestimmungen kennenlernen wollen, müssen wir uns aber zuerst noch darüber klar werden, was wir von ihnen auf alle Fälle verlangen müssen. Die neue Methode muß zeigen, daß sie auch vor einer strengen Kritik bestehen kann. Ihre unmittelbare Nachprüfung, die sich auf Millionen von Jahren erstrecken müßte, ist nun allerdings nicht möglich, und so muß sie in erster Linie durch die innere Folgerichtigkeit und Widerspruchslosigkeit ihrer Ergebnisse für sich sprechen. Wir müssen zuerst von den zu erhaltenden Alterszahlen verlangen, daß sie sich dem Altersrahmen, den wir aus den früher besprochenen geologischen Methoden gewonnen haben, ohne Zwang einfügen. Wenn wir z. B. für ein Gestein, das nach der geologischen Altersbestimmung im Kambrium ausgebrochen und erstarrt ist, nach der Uranmethode ein Alter von 10 Millionen Jahren finden würden, so müßten wir von vornherein die schwersten Zweifel gegen die Richtigkeit der Methode hegen, ebenso aber, wenn wir für ein Gestein aus dem Miozän etwa 100 Mill. Jahre erhalten sollten. Wir sind bei der Aufstellung der Rahmenzahlen mit größter Vorsicht vorgegangen, wir können dafür aber auch als sicher annehmen, daß die richtige Zahl innerhalb dieses Rahmens liegen muß. Weiter muß von den radioaktiven Methoden der Altersbestimmung verlangt werden, daß ihre Ergebnisse mit dem sicher festgelegten, relativen Alter der Gesteine übereinstimmen. Es darf also nicht sein, daß sich für ein zweifellos karbonisches Gestein ein höheres Alter ergibt wie für ein solches, das nach seiner Lagerung in die präkambrische Zeit versetzt werden muß. Der Prozentgehalt an Blei muß also mit dem relativen geologischen Alter der Muttergesteine zunehmen. Schließlich muß sich bei Altersbestimmungen von verschiedenen Mineralien aus ein und demselben Gestein, also etwa aus einem einheitlichen Granitstock, für alle dasselbe Alter ergeben, ihr Prozentgehalt an Blei muß derselbe sein. Würde man bei einer

Untersuchung für ein Mineral das doppelte Alter errechnen wie für ein anderes, so wäre wiederum unser Glaube an die Methode schwer erschüttert. Mit diesen Gesichtspunkten wollen wir überlegend an die Ergebnisse der Altersbestimmungen nach der Bleimethode herantreten, die in der nachfolgenden Tabelle nach Lawson und Holmes zusammengestellt sind.

Gruppe	Mineral	Fundort	Gehalt an Blei in % des erzeugenden Urans		Mittleres Aler in Millionen Jahren und geologische Epoche
1.	Uraninit	Glastonbury Connecticut USA.	4,1	Mittel 4,1%	Karbon 320 Mill. Jahre
	„		4,3		
	„		4,0		
	„		4,2		
	„		4,0		
2.	Uraninit	Nord-Karolina USA.	5,1*)	Mittel 4,8%	Zwischen Kambrium und Tertiär, jedenfalls auch Karbon (wie 1) *) Atomgewicht des Bleis 206,4 370 (260) Mill. Jahre
	„		5,5*)		
	„		4,9*)		
	„		4,6		
	Zirkon		4,4		
	„		4,2		
3.	Zirkon	Brevig (Norwegen)	4,0	Mittel 4,4%	Mitteldevon 340 Mill. Jahre
	„		4,6		
	Pyrochlor		4,8		
	Biotit		4,4		
	Zirkon		4,1		

4.	Uraninit	Branchville Connecticut USA.	5,2	Mittel 5,1%	Untersilur (Ordovician) 400 Mill. Jahre
	„		5,1		
	„		5,2		
	„		5,1		
5.	Uranin. u. Bröggerit	Geg. v. Moos (südl. Norwegen)	9 Analysen mit einem Bleigeh. v. 12–14%; Mittl. 13%		Mittel-Präkambrium 1000 Mill. Jahre Atomgewicht des Bleis 206,06
6.	Uraninit	Arendal (Norwegen)	17	Mittel 18%	Mittel-Präkambrium 1300 Mill. Jahre *) Atomgewicht des Bleis 206,08
	„		18		
	„		18		
	„		19*)		
7.	Uraninit Bröggerit	Villeneuve (Kanada)	17		Mittel-Präkambrium 1200 Mill. Jahre
8.	Uraninit	Morogoro D.-Ostafrika	9,4	Mittel 9,3%	Geologisches Alter unbestimmt 700 Mill. Jahre *) Atomgewicht des Bleis 206,05
	„		9,2		
9.	Zirkon	Portugiesisch Ostafrika Mozambique	17	Mittel 15%	1100 Mill. Jahre
	„		15		
	Biotit		14		
10.	Zirkon	Mozambique	21		Von den ältesten gneisähnlichen Graniten 1500 Mill. Jahre

Die Mineralien der ersten Gruppe kommen in einem Granit vor, der nach der geologischen Altersbestimmung im Karbon aufgedrungen ist. Das Verhältnis von Blei und Uran stimmt bei allen untersuchten Mineralien in sehr befriedigender Weise überein; leider wurde keine Atomgewichtsbestimmung des Bleis ausgeführt, so daß das Alter von 320 Millionen Jahren nicht als ganz gesichert gelten kann.

Der Granit, in dem die Mineralien der zweiten Gruppe vorkommen, gehört jedenfalls auch der Karbonformation an. Der Mittelwert des Bleigehalts ergibt ein Alter von 370 Millionen Jahren. Da aber das Atomgewicht zu 206,4 bestimmt wurde, so ist anzunehmen, daß nur 70% der Gesamtbleimenge radioaktiven Ursprungs sind. Wird das berücksichtigt, so ergibt sich das Alter zu 260 Millionen Jahren.

Bei der dritten Gruppe handelt es sich um Mineralien aus Gesteinen von mitteldevonischem Alter der Umgegend von Kristiania. Der etwas wechselnde Bleigehalt läßt auf nachträgliche Veränderungen der Mineralien schließen; sein Mittelwert ergibt ein Alter von 340 Millionen Jahren.

Die Mineralien der 4. Gruppe stammen aus einem Gestein vom Alter des Untersilurs (nach nordamerikanischer Bezeichnung Ordovician). Der Bleigehalt bleibt in allen Analysen sehr befriedigend derselbe. Die Alterszahl von 400 Millionen Jahren erscheint in ihrem Verhältnis zu den Ergebnissen der 1.–3. Gruppe als sehr wahrscheinlich.

Die Analysen und Alterszahlen der Gruppe 5 dürfen als außerordentlich zuverlässig gelten: Bei neun Analysen schwankt der Bleigehalt nur zwischen 12 und 14%. Die Atomgewichtsbestimmung des Bleis (206,06) bedeutet den sicheren Beweis, daß es sich um reines Uranblei handelt.

Die Mineralien der Gruppe 6 stammen aus einem anderen Granitmassiv Norwegens; der Altersunterschied gegenüber 5 findet dadurch seine Erklärung. Die Untersuchung eines Uranminerals aus dem mittleren Präkambrium Nordamerikas (6) ergibt bezeichnenderweise dasselbe Alter, wie es für das Mittelpräkambrium Norwegens gefunden wurde.

Leider läßt sich das relative geologische Alter der in Gruppe 8 bis 10 aufgeführten ostafrikanischen Gesteine nicht mit Sicherheit angeben; die Analyse der deutsch-ostafrikanischen Mineralien läßt jedoch infolge des gleichbleibenden Gehalts an Blei vom Atomgewicht 206 die errechnete Alterszahl als sehr zuverlässig erscheinen.

Diesen Ergebnissen der Bleimethode seien in der folgenden Zusammenstellung die der Heliummethode gegenübergestellt; wo gleichzeitig für ein Mineral die Bestimmung nach beiden Methoden vorliegt, ist das Ergebnis der Bleimethode in Klammern beigesetzt.

Geologische Zeit	Mineral	Fundort	*ccm He* auf 1 *g* Uranoxyd	Alter in Jahrmillionen
Diluvium	Zirkon	Vesuv	0,01	0,1
„	„	Eifel	0,09	0,96
Pliozän	„	Neuseeland	0,146	1,56
Miozän	„	Auvergne	0,57	6,1
Eozän	Hämatit	Irland	2,38	25,5
Oberkarbon	Limonit	England	12,8	137 (320)
Mitteldevon	Zirkon	Brevig, Norwg.	4,31	46,1 (340)
Silur	Thorianit	Ceylon	22,6	242 (500)
Ober-Präkambrium	Zirkon	Ceylon	25	267 (1200)
Unter-Präkambrium	„	Kanada	56	600 (1500)

Die Heliummethode gibt demnach durchweg kleinere Zahlen als die Bleimethode, was sich aus den bereits angeführten Tatsachen leicht erklärt. Es scheint, daß im allgemeinen nur ungefähr der dritte Teil des gebildeten Heliums im Mineral festgehalten bleibt; daher erreichen auch die Alterszahlen im Durchschnitt nur ein Drittel der nach der Bleimethode bestimmten Zahlen.

Versuchen wir unsere Überlegungen zusammenzufassen, so können wir auf alle Fälle sagen: Die Ergebnisse der radioaktiven Methode der Altersbestimmung machen durchaus den Eindruck großer Zuverlässigkeit. Sie fügen sich zwanglos dem Rahmen ein, den die Geologie aufgestellt hat. Die absoluten Alterszahlen stehen mit der relativen Altersbestimmung nirgends in Widerspruch. Das gleichbleibende Verhältnis von Uran und Blei bei Mineralien desselben Vorkommens zeigt deutlich, daß ihm ein bestimmtes Gesetz zugrunde liegt.

So erfüllt tatsächlich die neue Methode alle Anforderungen, die an ihre Ergebnisse gestellt werden müssen. Die Grenzen ihrer Anwendungsmöglichkeit sollen allerdings auch nicht verschwiegen werden. Leider sind die Mineralien, die sie braucht, recht selten und nur in vollständig unverwittertem Zustand verwendbar. Mit der radioaktiven Methode kann nur das Alter von Uranmineralien, und damit der Zeitpunkt des Ausbruchs und der Erstarrung ihres Muttergesteins bestimmt werden. Nun ist es oftmals unmöglich, das relative Alter eines solchen Gesteins genau festzulegen; es kann von ihm (wie bei 2) unter Umständen nur ausgesagt werden, daß es jünger als Kambrium, aber älter als Tertiär sein müsse, und das sind sehr weit gezogene Grenzen. In einem solchen Fall ist leider auch die schönste Altersbestimmung für die Festlegung eines Punktes in der Erdgeschichte verloren. Wenn die Wissenschaft in Anwendung der neuen Methode später einmal vollständige Sicherheit erlangt hat, so besitzt sie allerdings damit die Möglichkeit, mit Hilfe des absoluten Alters eines Gesteins auch die Formation zu bestimmen, der es angehören muß. Bedauerlich ist es, daß bis jetzt noch keine ganz zuverlässige Altersbestimmung für ein jüngeres Gestein, etwa aus der Jura- oder Tertiärzeit, vorliegt. Es fehlen eben bis jetzt aus Gesteinen dieser Formationen die zur Untersuchung verwendbaren Uranmineralien. Leicht und bequem zu handhaben ist die Methode nicht. Die chemische Analyse wäre zwar an sich nicht besonders schwierig; sie fordert aber, um zuverlässig zu sein, jedesmal noch eine besondere Atomgewichtsbestimmung des Bleis, die in der notwendigen Genauigkeit nur von ganz wenigen Spezialforschern ausgeführt werden kann. Alles in allem können wir aber sagen, daß die neue Methode der Altersbestimmung einen ungeheuren Fortschritt bedeutet: das rohe Schätzen und Extrapolieren haben wir verlassen; wir sind mit ihr in den Bezirk exakter physikalisch-chemischer Forschung eingetreten. Ihre wissenschaftliche Grundlage, die Zerfallstheorie der radioaktiven Elemente, darf schon heute als gesicherter Bestand der Wissenschaft gelten, obwohl sich die einzelnen Angaben über Zerfallszeiten bei zukünftigen genaueren Bestimmungen noch etwas ändern können. Zwei grundlegende Voraussetzungen sind allerdings noch in den Berechnungen enthalten: Wir müssen einmal annehmen, daß das Uranmetall rein und ohne seine Folgeprodukte bei der Bildung des Minerals in dieses eingetreten sei. Das ist eine Annahme, die von der Mineralogie überaus wahrscheinlich gemacht wird. Das zweite muß in seiner Art bei jedem geologischen Zeitmesser zugrunde gelegt werden. Wir müssen voraussetzen, daß die „Uranuhr", wie wir sie kurz heißen wollen, im ganzen Verlauf der geologischen Vorzeit gleich rasch gegangen sei wie heute. Wir werden auf diese Frage nochmals zurückkommen.

Mit diesen Altersbestimmungen nach radioaktiver Methode ist ein Wunsch in Erfüllung gegangen, den wir zum Schluß des zweiten Kapitels ausgesprochen haben: Wir haben durch physikalisch-chemische Messung die sichere zeitliche Festlegung mehrerer Punkte in früher geologischer Vergangenheit erreicht. Damit ergeben sich ohne weiteres auch brauchbare Werte für die dazwischenliegende Zeit. Vom Extrapolieren können wir, wie der Mathematiker sagen würde, zum Interpolieren übergehen; wir bestimmen den Verlauf der Zeitkurve zwischen zwei festen, weit auseinanderliegenden Punkten. Es ist ja nötig, durch eine größere Zahl von Altersbestimmungen die Sicherheit der Ergebnisse noch zu verstärken; aber es kann gesagt werden, daß auch schon die heute vorliegenden Zahlen infolge ihrer Widerspruchslosigkeit einen sehr hohen Grad von Wahrscheinlichkeit beanspruchen dürfen. Das ist alles, was überhaupt erwartet werden kann, sind wir doch Eintagsfliegen, denen jedes unmittelbare Herantreten an die Messung geologischer Zeiträume immer versagt bleiben wird. Stellen wir die zuverlässigsten Zahlen heraus, so sind es die für das Alter des Karbons mit 320 Millionen Jahren (vielleicht etwas zu hoch), des Untersilurs mit 400 Millionen Jahren, des Mittel-Präkambriums mit 1000 und 1300 Millionen Jahren. Es gilt nun, in diesen Rahmen die übrigen Ereignisse der Erdgeschichte schätzungsweise einzufügen, wie der Kartograph nach der genauen Festlegung seiner trigonometrischen Punkte das übrige in seine Karte einzeichnet. Einer der wichtigsten Punkte ist der Beginn des Kambriums. Nach den obigen Zeitbestimmungen können wir als wahrscheinliche Zahl etwa 500 Millionen Jahre für ihn einsetzen (Barrell nimmt 600 Millionen Jahre an). Auf diesen Zeitraum verteilen sich die zehn Formationen des Geologen, deren jede etwa 40–80 Millionen Jahre zu ihrer Bildung beansprucht haben mag. Für das Tertiär wird ein Wert in der Nähe der unteren Grenze anzusetzen sein, ein Ergebnis, das unsere frühere Schätzung aufs schönste bestätigt.

Für das Präkambrium, das noch weit über das Kambrium zurückführt, muß auf alle Fälle ein Zeitraum angenommen werden, der die Dauer aller späteren Epochen um das Mehrfache übersteigt. Alle Gesteine dieser Periode sind in ihren Mächtigkeiten verändert, in der stärksten Weise umgebildet und zum größten Teil zu kristallinen Schiefern geworden, deren Ursprung man kaum mehr zu erkennen vermag. Die Zeitdauer ihrer Bildung muß noch weit das Maß übersteigen, das schon ihre ungeheure Schichtmächtigkeit erwarten läßt. Tatsächlich ergibt ja die radioaktive Methode für das Präkambrium einen Zeitraum von weit über einer Milliarde Jahre, wenn die Zeit vom Mittelpräkambrium bis zum Beginn des Kambriums allein schon 800 Millionen Jahre beträgt. Daß ganz ungeheure Zeiträume dem Präkambrium zugrunde liegen müssen, ergeben vor allem auch entwicklungsgeschichtliche Überlegungen. Weist doch die Tierwelt des Kambriums Vertreter von außerordentlich hoher Entwicklung auf; vom Anfang des Lebens überhaupt bis zu dieser Entwicklungshöhe muß der Weg vielmal weiter gewesen sein als vom Beginn des Kambriums bis zur Jetztzeit. War er dreimal, war er zehnmal, oder gar hundertmal so weit? Niemand vermag es zu sagen. Alle Anhaltspunkte fehlen uns; die Anfänge des Lebens sind vielleicht in uralten Schichten des Präkambriums begraben, aber ihre Spuren sind bereits vollständig verwischt und es ist so gut wie aussichtslos, über sie jemals etwas Bestimmtes zu erfahren.

Noch viel unsicherer werden unsere Vermutungen, wenn wir Jahreszahlen für noch weiter zurückliegende Entwicklungszustände unserer alten Erde finden wollen. Wir haben bereits die Altersbestimmung des Ozeans aus seinem Salzgehalt abgelehnt; dasselbe wird mit gewissen physikalischen Methoden der Fall sein müssen. Eine große Rolle hat bis vor kurzer Zeit der Versuch des englischen Physikers Thomson (Lord Kelvin) gespielt, aus der Abkühlung der Erde ihr Alter zu berechnen (1897). Von den physikalischen Gesetzen der Wärmestrahlung ausgehend, kam er auf das Ergebnis, daß eine Kugel von der Größe und Beschaffenheit der Erde zur Abkühlung von einem feuerflüssigen Zustand bis zur heutigen Oberflächentemperatur etwa 40 Millionen Jahre nötig habe. Diese Zahl hatte von vornherein sehr wenig innere Wahrscheinlichkeit. Es läßt sich überzeugend nachweisen, daß im Kambrium keine wesentlich höhere Temperatur bestanden haben kann als heute. In dem großen Vorgang der Abkühlung könnte daher der Zeitspanne vom Kambrium bis zur Jetztzeit nur ein ganz geringer Prozentsatz der 40 Millionen Jahre zufallen, und daraus würden sich so geringe Zahlen für die Bildungszeiten der einzelnen geologischen Formationen ergeben, daß kein Geologe ihre Richtigkeit zugeben könnte. Nun hat sich aber weiterhin im Zusammenhang mit der radioaktiven Forschung eine Tatsache ergeben, die allein für sich genügt, die Berechnung Thomsons ungültig zu machen. Thomson kannte nämlich die Tatsachen des radioaktiven Zerfalls noch nicht und konnte daher in seine Wärmerechnung einen überaus wichtigen Aktivposten nicht einstellen: den Zuwachs an Wärme, den die Erde durch den Zerfall radioaktiver Substanzen andauernd erfährt. Es ist versucht worden, die Menge der radioaktiven Stoffe in den uns zugänglichen Teilen der Erdrinde zu bestimmen; dabei ergaben sich so erhebliche Mengen, daß ihre Wärmeerzeugung beim Zerfall vollständig genügt, um den Verlust aufzuheben, den die Erde durch Wärmeausstrahlung erleidet. Ja es ist sogar für die Wissenschaft zum Problem geworden, wie es möglich sei, daß die Erde nicht dauernd heißer werde! Es müssen besondere Annahmen über die Verteilung der radioaktiven Stoffe in größerer Tiefe gemacht werden, um die ziemlich gleichbleibende Wärme der Erdrinde verständlich zu machen. Wir sehen, dieser eine Umstand genügt vollständig, um die Berechnung Thomsons unbrauchbar zu machen. Wir tun am besten, mit unsern Versuchen absoluter Altersbestimmungen nicht weiter zurückzugehen als bis zu einem Zeitpunkt, den wir noch mit erprobten Methoden erfassen können. Die Wissenschaft vermag im heutigen Augenblick noch nicht das „Alter der Erde“ schlechthin zu bestimmen. Wir wollen bescheidener sein und uns an der Berechnung von Zahlen für das Alter des Kambriums oder des Präkambriums genügen lassen.

V. Schlußbetrachtung und Ausblick.

Drei große Gruppen von Methoden haben uns zu unsern Ergebnissen geführt; es ist zum Schluß nötig, die eingeschlagenen Wege nochmals im Zusammenhang zu überblicken. Die erste Methode versuchte, die auf der Erde gebildeten Sedimentgesteine als die Leistung immerfort arbeitender geologischer Kräfte zu erklären und daraus die Zeitdauer ihrer Bildung zu berechnen. Das wahrscheinlichste Ergebnis waren etwa 300 Millionen Jahre; diese Zeit wäre zur Bildung aller, auch der präkambrischen Sedimente nötig gewesen. Nach dem Verhältnis der bekannten Sedimentmächtigkeiten würde hiervon mehr als die Hälfte, mindestens 200 Millionen Jahre, auf die Zeit vom Kambrium bis zur Jetztzeit entfallen. Dazu muß aber gesagt werden, daß auf diese Weise die Zeit des Präkambriums sicher bedeutend unterschätzt wird. Die zweite Methode geht von schönen und zuverlässigen Zeitmessungen geologischer Vorgänge der Nacheiszeit aus und führt unter Verwendung von Verhältniszahlen durch kühne Extrapolation auf den weiten Rahmen von 40–1600 Millionen Jahren für das Alter des Kambriums, wobei sich als wahrscheinlichste Werte 200–600 Millionen Jahre ergeben. Die radioaktive Methode gibt schließlich die Möglichkeit, ganz bestimmte Alterszahlen zu berechnen, die für das Karbon rund 300 Millionen Jahre, für das Kambrium etwa 500 Millionen Jahre, für frühe Zeitpunkte des Präkambriums mindestens 1500 Millionen Jahre betragen. Wie lassen sich nun all diese Ergebnisse vereinigen? Zunächst ist zu sagen, daß sich die Ergebnisse des ersten und zweiten Wegs durchaus nicht widersprechen. Die nach der ersten Methode berechneten Alterszahlen fallen in den Rahmen der zweiten, und auch die mittleren Werte kommen einander recht nahe. Ebenso führen die Altersbestimmungen von Uranmineralien zu Zahlen, die sich ohne weiteres in den Rahmen der zweiten Methode einfügen. Dagegen besteht tatsächlich ein Widerspruch zwischen den Ergebnissen des ersten und dritten Wegs, die beide bestimmte Zahlen nennen, der erste für das Alter des Kambriums 200 Millionen Jahre, des Präkambriums ungefähr 300 Millionen Jahre, der zweite 500 und 1500 Millionen Jahre. Wie ist dieser Widerspruch zu lösen? Beide Methoden haben die Voraussetzung, daß ihre geologische Uhr in der ganzen Vergangenheit gleich schnellen Gang gehabt habe wie in der Gegenwart. Nun ist es denkbar, daß die Sedimentationsuhr, wie wir sie kurz heißen wollen, in der Vergangenheit langsamer gegangen wäre als in der Gegenwart. Dann hätte uns die Uhr mit ihrem gegenwärtigen raschen Lauf für die Vergangenheit zu kleine Zeitwerte angegeben; wir müßten also die höheren Jahreszahlen der Uranuhr als die richtigen annehmen. Es wäre aber auch denkbar, daß die Uranuhr heute langsamer ginge als in geologischer Vorzeit. Dann hätte sie uns zu große Zeiträume vorgetäuscht und die Sedimentationsuhr hätte recht.[11]

[11] Den dritten Fall, daß beide Uhren falsch gehen könnten, wollen wir außer Betracht lassen.

Die Frage nach der Größe der Zeiträume kommt also auf eine Untersuchung über die Zuverlässigkeit unserer geologischen Zeitmesser hinaus, und daß hier der Uranuhr größeres Vertrauen entgegengebracht werden kann wie der Sedimentationsuhr, das kann kaum einem Zweifel unterliegen. Die Uranuhr beruht auf einem einheitlichen physikalisch-chemischen Vorgang, der im Aufbau der Atome begründet ist und dessen Ablauf mit keinem uns zugänglichen Mittel auch nur im geringsten verändert werden kann. Es wurde schon angeführt, daß Drucke von 25000 Atmosphären zusammen mit Temperaturunterschieden von mehreren tausend Graden den Zerfall der Atome nicht beeinflussen konnten. Die Annahme, daß der Zerfall früher schneller vor sich gegangen sei, kann in keiner Weise begründet oder auch nur wahrscheinlich gemacht werden; sie würde bedeuten, daß Naturgesetze nicht unveränderlich wären, sondern sich im Verlauf geologischer Zeiträume ändern könnten. Dagegen hängt die Sedimentationsgeschwindigkeit der Jetztzeit von einer Unzahl von Faktoren ab, die ohne Zweifel im Lauf der Erdgeschichte nicht immer dieselben gewesen sind. Um eine Übereinstimmung mit der Uranuhr zu erzielen, müßten wir annehmen, daß die Sedimentationsuhr heute mindestens 2½mal, vielleicht sogar 4–5mal schneller ginge wie im Durchschnitt der geologischen Vergangenheit. Tatsächlich vertreten nun besonders eine Reihe englischer und amerikanischer Geologen (Holmes, Chamberlin, Barrell) diese Ansicht sehr lebhaft. Sie behaupten, daß das Maß der Abtragung und damit auch der Sedimentation heute ein überdurchschnittlich großes sei. Unsere Flüsse haben an den immer noch hochragenden Resten der im Tertiär aufgetürmten Kettengebirge und an den lockeren und leicht zerstörbaren Bildungen der jüngstvergangenen Eiszeit leichtes Spiel für ihre Zerstörungsarbeit; sie tragen daher wesentlich mehr ins Meer hinaus als in früheren Erdperioden, in denen die Gebirge der Erde bis fast zu ihren Grundmauern abgeschliffen waren. Lebhafte Schollenbewegungen, die Hebungen und Senkungen von Ländern zur Folge haben, halten heute die Arbeit der Flüsse in Atem. Der Vulkanismus ist gegenwärtig recht lebhaft und liefert in seinen Aushauchungen Gase, die die Verwitterung beschleunigen. So hat die Ansicht jener Geologen, die Sedimentationsuhr gehe heute wesentlich rascher als in der Vorzeit, sehr gewichtige Gründe für sich; ihre Annahme hätte zur Folge, daß wir die durch die Uranmethode gewonnenen Zahlen als die richtigen ansehen müßten.

Damit sind wir am Ende unserer Untersuchungen über absolute geologische Altersbestimmung angelangt. Von höchstem wissenschaftlichem Reiz ist es gewesen, all den verschlungenen Wegen nachzugehen, auf denen die

Forschung eines der packendsten und interessantesten Probleme der Erdgeschichte zu lösen versuchte. Wir können zwar noch nicht sagen, daß die Frage heute schon restlos gelöst sei, aber wir haben den lebhaften Eindruck gewonnen: sehr weit sind wir von der endgültigen Lösung des Problems nicht mehr entfernt, wahrscheinlich haben wir sie sogar in den Altersbestimmungen nach radioaktiver Methode heute schon in der Hand. Wo die Jahreszahlen der Geschichte beim Rückwärtsschreiten in die Vergangenheit abbrechen, da würden die Jahreszahlen der Geologie sich anschließen und bis in die fernste Vergangenheit zurückführen.

Mit diesen exakten Altersbestimmungen hat die Geologie ein Problem gelöst, das sie seit ihren ersten Anfängen beschäftigte: Die Bezwingung der geologischen Zeiträume durch Maß und Zahl. Schon vor achtzig Jahren hat die Astronomie ein ähnliches Ziel erreicht. Die Geologie weist den Menschen zurück in unvorstellbar große Zeiträume der Vergangenheit, die Astronomie führt ihn von unserem Planeten und dem engen Bezirk unseres Sonnensystems hinaus in die endlosen Fernen des Weltalls. Wohl kannte man schon lange mit befriedigender Genauigkeit die Entfernung aller Glieder des Sonnensystems, vollständig unbekannt waren aber die Entfernungen der Fixsterne, bis es im Jahr 1837 dem berühmten Königsberger Astronomen Bessel gelang, die Entfernung des kleinen Sterns 61 im Schwan zu messen; er erhielt für sie 80 Billionen km. Im nächsten Jahr wurde am südlichen Sternhimmel die Entfernung unseres nächsten Nachbars im Fixsternsystem, des Sterns α im Zentauren zu 41 Billionen km oder 4½ Lichtjahren bestimmt, d. h. der Stern ist so weit entfernt, daß sein Licht bei einer Sekundengeschwindigkeit von 300000 km 4½ Jahre braucht, um auf unsere Erde zu gelangen. Damit war zum erstenmal die Entfernung eines Punktes außerhalb des Sonnensystems gemessen. An die Stelle des verschwommenen Begriffs „unmeßbar weit“ war die genaue Zahl getreten. Mit den ersten sicheren Messungen, denen bald noch weitere folgten, konnten sich klare Begriffe von der Entfernung und Größe all der Sonnen im Weltall bilden und damit auch eine Vorstellung vom Bau des Ganzen. So bedeutet das Jahr 1837 für die Astronomie einen Markstein ersten Rangs. Heute ist die Geologie mit den Altersbestimmungen auf radioaktiver Grundlage an demselben Punkt angelangt, wie damals die Astronomie mit der ersten Messung einer Fixsternentfernung. An die Stelle unsicherer Zeitschätzungen treten ganz bestimmte, durch eine exakte physikalisch-chemische Methode gewonnene Zahlen; die erste sichere Zeitmessung ist erreicht. Hoffen wir, daß die neue Errungenschaft der Geologie ebenso reiche Früchte bringen möge wie die Tat Bessels der Astronomie!

Wie die Entfernungsgrößen im Weltall unvorstellbar groß sind, so sind es auch die Zahlen, die wir für die Zeitdauer geologischer Perioden erhalten haben. Nicht einmal ein Jahrhundert vermag der Mensch mit seiner persönlichen Erinnerung zu umspannen, ein Jahrtausend ist ihm unfaßbar lang, und bei der Jahrmillion schwindet auch der letzte Rest einer Vorstellung. Es fängt die Gedankenlosigkeit an, die mit solchen Maßen nur spielt, ohne irgend einen Sinn damit zu verbinden. Wir müssen daher versuchen, diese Zeiträume durch Bilder zu veranschaulichen, die der menschlichen Vorstellungskraft noch zugänglich sind. Die Erdgeschichte seit Beginn des Kambriums werde durch eine gerade Linie von Berlin nach Stuttgart dargestellt. Das sind 500 Kilometer; sie sollen den 500 Millionen Jahren entsprechen, die seit Beginn des Kambriums verflossen sind. Dann bedeutet ein Kilometer eine Jahrmillion, die letzten 500–1000 m wären die Eiszeit, die 6000 Jahre der Geschichte würden auf 6 m — eine Zimmerlänge — zusammenschrumpfen und ein Menschenleben von 70 Jahren auf 7 cm. Ließen wir eine Schnecke in einem normalen Schneckentempo von 3,1 mm in der Sekunde die Strecke entlang kriechen, so würde sie dazu genau 5 Jahre brauchen, die Strecke des Tertiärs würde sie in etwa 4 Monaten zurücklegen, die Eiszeit in 2–3 Tagen, die letzten 8 mm — die Strecke vom Beginn des Weltkriegs bis zur Gegenwart — könnte sie aber in 2½ Sekunden erledigen! Wo aber auf der anderen Seite der Beginn des Lebens liegt, von dem die Linie herkommt, vermögen wir nicht zu sagen. Mindestens noch weitere 1000 km zurück, vielleicht sogar weit drüben in Asien!

An diesem Bild wird uns mit einem Schlage klar, wie klein und winzig im Verhältnis zur Erdgeschichte die Zeiträume sind, die der Mensch zu überblicken vermag. Wie geringfügig erscheint uns auf einmal die ganze Menschheitsgeschichte, die der Mensch voll Überhebung die „Weltgeschichte" zu nennen pflegt, und was bedeutet vollends ein Menschenleben im Strome des Weltgeschehens!

„Ein kleiner Ring begrenzt unser Leben

Und viele Geschlechter reihen sich dauernd

An ihres Daseins unendliche Kette."

Nun verstehen wir auch, warum die Erdentwicklung dem menschlichen Auge stillzustehen scheint. Wir sind so kurzlebig, daß wir selbst im Laufe eines ganzen Menschenlebens die Veränderungen nicht gewahr werden, die mit der Erde und ihren Lebewesen vor sich gehen. Berg und Tal, Festland und Meer, der anatomische Bau von Tieren und Pflanzen, sie scheinen uns starr und unveränderlich, nicht in lebendiger Umwandlung begriffen. Es ist, wie wenn unser Auge bei der Vorführung eines Films nur ein einziges Bildchen von all den Tausenden sehen würde, die durch ihr Nacheinander das Leben auf der Leinwand erzeugen. Setzen wir ein Menschenleben von 70 Jahren dem Anschauen eines Einzelbildchens gleich, von denen in der Sekunde 20 auf der Leinwand vorbeihuschen, so wäre die ganze

Erdgeschichte seit dem Kambrium ein Riesenfilm von 129 km Länge, der 100 Stunden zur ununterbrochenen Vorführung brauchen würde!

Während so die Erde in ihrer Entwicklung stillzustehen scheint, tritt eine andere Erscheinung hierzu in den denkbar schärfsten Gegensatz: Die Entwicklung der menschlichen Kultur. Hunderttausende von Jahren verweilte der Mensch der Steinzeit auf derselben Kulturstufe; in den letzten Jahrhunderten und vollends in den letzten Jahrzehnten hat sich aber ein Tempo der Kulturentwicklung herausgebildet, das geradezu beängstigend ist. 45 cm vor dem Ende jener Strecke von Berlin nach Stuttgart erfand Gutenberg seine schwarze Kunst, die zwanzig letzten Zentimeter brachten die Entwicklung der Wissenschaft von Newton bis Einstein, der Musik von Bach bis Richard Strauß, die letzten drei die Funkentelegraphie, das Flugzeug, die Entdeckungen der Radioaktivität und der Geheimnisse des Atombaus. Geistesströmungen und Kunstrichtungen zählen ihre Lebensdauer nicht mehr nach Jahrhunderten, sondern höchstens nach Jahren. Wenn wir all das an der Erd- und Menschheitsentwicklung messen, so kommt uns das geradezu Explosionsartige moderner Kulturentwicklung erst vollständig zum Bewußtsein. Und dabei gibt es Leute, denen es immer noch zu langsam geht! Wie ist es überhaupt denkbar, daß die Menschheit in ihren frühen Perioden Jahrzehntausende oder gar Jahrhunderttausende auf derselben Kulturstufe blieb, während heute ihre Entwicklung im Guten und im Bösen in diesem Wahnsinnstempo fortschreitet? Wir können versuchen, eine Reihe von Tatsachen zur Erklärung beizubringen: Das erste ist der Zusammenschluß der Menschheit zu immer größeren Verbänden, die Erfindung der Schrift und späterhin des Buchdrucks. Was früher an Fortschritten erreicht wurde, mußte durch mündliche Überlieferung innerhalb der kleinen Horde weitergegeben werden. Wie unendlich viel ging dabei verloren und mußte immer wieder von neuem entdeckt werden! Heute stellen unsere Bücher ein ins Ungeheuerliche gewachsenes menschliches Gedächtnis dar, das alles aufzubewahren vermag, was jemals Menschen gedacht und empfunden haben, und bei dem nicht so leicht etwas Wichtiges in Vergessenheit geraten kann. Dabei wird mit den Mitteln des modernen Verkehrs ein neuer Gedanke, eine neue Entdeckung in kürzester Zeit Allgemeingut der ganzen zivilisierten Menschheit. Vor dem unseligen Weltkrieg bildeten die Forscher aller Länder eine einzige große Arbeitsgemeinschaft, die mit fortwährend sich verbessernden Methoden jedes neu auftauchende Problem anzugreifen vermochte und für jede Frage fieberhaft arbeitende Spezialgehirne sich heranbildete. So kann man versuchen, das Tempo der Entwicklung mit der Zauberformel zunehmender Organisation zu erklären, welche die Leistungen nicht nur multipliziert, sondern potenziert.

Ob damit alles gesagt ist und die Fortschritte menschlichen Geisteslebens in ihrer Tiefe erfaßt sind? Wir wissen es nicht. Klein, lächerlich klein läßt die Wissenschaft den Menschen erscheinen und groß, rätselhaft groß ist doch wieder derselbe Mensch, der seine Stellung in Raum und Zeit denkend erfaßt und mit seinem Geist Sternweiten und Jahrmillionen zu umspannen vermag. Und so steht auch hier die Wissenschaft nach dem Flug durch die endlosen Zeiträume der Vergangenheit am Ende wieder vor ihrem letzten und tiefsten Geheimnis, dem Rätsel des Menschen.

Verzeichnis der wichtigsten Werke

Kayser, Lehrbuch der Geologie (in zwei Teilen), 6. Auflage.

Lindemann, Die Erde.

Ratzel, Raum und Zeit in Geographie und Geologie (Natur- und kulturphilosophische Bibliothek, Band 5), Leipzig 1907.

Holmes, *The Age of the Earth, Harpers Library* London und Neuyork 1913.

Penck und Brückner, Die Alpen im Eiszeitalter, 3 Bände, Leipzig 1901–1909.

de Geer, Geochronologie der letzten 12000 Jahre (Geologische Rundschau, 3. Band, 1912).

Lawson, Über absolute Zeitmessung in der Geologie auf Grund der radioaktiven Erscheinungen. (Naturwissenschaften 5. Jahrg., 1917.)

Meyer und Schweidler, Radioaktivität, Leipzig 1916.

Fajans, Radioaktivität, 3. Auflage 1921 (Sammlung Vieweg).